住房和城乡建设部科技示范工程丛书

浙江电力生产调度大楼

住房和城乡建设部科技发展促进中心　编写

中国建筑工业出版社

图书在版编目(CIP)数据

浙江电力生产调度大楼/住房和城乡建设部科技发展促进中心编写. —北京：中国建筑工业出版社，2009
（住房和城乡建设部科技示范工程丛书）
ISBN 978-7-112-11073-5

Ⅰ. 浙… Ⅱ. 住… Ⅲ. 电力系统调度—建筑工程—工程施工—施工技术—浙江省 Ⅳ.TU271

中国版本图书馆CIP数据核字（2009）第102180号

浙江电力生产调度大楼工程是建设部指定的科技示范工程，在该工程的施工过程中，应用了大量的先进技术和施工工艺。本书分两块内容对这些技术进行了详细的介绍，一是四节一环保重点技术，内容包括：节能重点技术、节地重点技术、节材重点技术、环境保护重点技术和绿色设计理念；另一部分是工程建造关键技术，内容包括：大面积地下室型钢混凝土柱结构施工技术、高位大跨型钢混凝土梁式结构转换层施工技术、高位大跨度钢结构桁架转换层施工技术、大体积混凝土自动测温技术、质量通病重点防治技术、水泥基渗透结晶防水涂料技术、信息化、电子化的施工过程控制技术和楼宇智能控制技术。

该书适用于建设项目管理人员和施工技术人员，希望本书能对节能环保新技术的应用起到推广作用。

*　*　*

责任编辑：马　红　王　磊
责任设计：张政纲
责任校对：刘　钰　王雪竹

住房和城乡建设部科技示范工程丛书
浙江电力生产调度大楼
住房和城乡建设部科技发展促进中心　编写
*
中国建筑工业出版社出版、发行（北京西郊百万庄）
各地新华书店、建筑书店经销
北京红光制版公司制版
北京云浩印刷有限责任公司印刷
*
开本：787×1092毫米　1/16　印张：10¼　字数：255千字
2009年8月第一版　2009年8月第一次印刷
定价：**26.00元**
ISBN 978-7-112-11073-5
(18317)

版权所有　翻印必究
如有印装质量问题，可寄本社退换
（邮政编码100037）

丛书编委会

主　　　编：杨　榕

副　主　编：王建清　任　民　张　峰

编　　　委：徐得阳　高雪峰　孔祥娟　赵　华

　　　　　　李道正　卢　超

丛书审定专家：吕振瀛　王真杰

本书参编人员：金　睿　肖建宝　袭　涛　秦从律

　　　　　　陈　建　杨　毅　王亚耀　孙清扬

序

上个世纪90年代随着国家基本建设规模不断扩大，工程建设中推广应用新技术日益受到重视。当时的建设部在完善科研计划工作制度的同时，部署建立了推广工作制度，同时颁布了《建设领域推广应用新技术管理规定》（建设部令109号）和《建设部推广应用新技术管理细则》的文件，形成了科研开发与科技推广同等重要的工作局面。科技示范工程作为科技成果推广应用的有效方法被写进文件，成为各地建设主管部门开展科技成果推广的工作平台。

示范工作开展主要是围绕建设部提出的建筑节能和绿色建筑等重点工作开展，坚持突出技术系统配套，突出关键技术的突破，突出技术应用的深度和广度，突出行业科技发展的导向性。示范的技术内容涉及：建筑节能配套技术；新型结构体系；可再生能源应用；地下空间利用与地基基础；大空间、大跨度结构；预应力混凝土结构；城市交通；城市垃圾、污水处理；计算机与信息；化学建材应用；建筑用钢；城乡住宅；人类住区防灾减灾等众多领域。由于我国正处于高速建设期，采用示范工程的形式，以点带面，推动建设行业技术进步具有重要的现实意义，这项工作取得的成效，不只局限于示范工程本身，而是通过其辐射作用、榜样作用，总结出成熟经验和过硬的成套技术，形成一支支敢于科技创新、善于科技创新的优秀团队，锻炼一批批科技领先的技术人才。也正是这些项目中集体和个人所付出的努力，为带动和普及新技术、新材料、新工艺、新产品在建设领域的实施应用起到了积极的推动作用。

经过十年的组织实施，在全国范围内完成了近250项具有良好的规划设计，符合建筑节能，科技含量高，施工质量好，突破重大关键技术的典型工程。这些工程包括机场航站楼、医院、图书馆、体育场馆、写字楼、居住社区、城市轨道交通、市政公用设施等不同的建设项目，取得了良好的经济效益和社会效益。

为了进一步加大示范工程的示范作用，全面展示我国工程建设技术进步发展成就，应广大工程技术人员的要求，住房和城乡建设部建筑节能与科技司委托住房和城乡建设部科技发展促进中心组织专家，撰写了《住房和城乡建设部科技示范工程丛书》。本套丛书着重突出科技成果的应用，力求从全方位、多角度选择具有典型示范意义的工程案例，为建设行业的科技工作者实施应用新技术成果提供参考与帮助。

丛书编委会

前　言

　　浙江电力生产调度大楼工程是住房和城乡建设部指定的科技示范工程，该工程是浙江省电力的调度中心、通信中心、信息中心及行政管理中心。工程位于浙江省杭州市西湖区黄龙路与西溪路交叉口的东南侧，为浙江省重点建设工程。

　　本工程由浙江省电力公司浙江电力生产调度大楼建设管理处建设，浙江大学建筑设计研究院设计，上海建科建设监理有限公司监理，浙江省建工集团有限责任公司承建，并由杭州市建设工程质量安全监督总站实施全过程监督。

　　该工程兼具生产调度和办公功能，建筑定位高，地质复杂且结构异形。工程建设中坚持高起点、严要求，倡导科技创新和四节一环保，至今已荣获了第八届中国土木工程詹天佑大奖、建设部科技示范工程（国内领先），取得了2项省级科研成果（国内领先）、1项省级工法、2项全国优秀QC成果、2项实用新型专利授权，体现示范工程的示范效应，取得了显著的社会和经济效益。

　　本书分三章对该工程进行了详细的介绍。第1章为工程概况，内容包括：基本信息、相关单位、建筑设计、结构设计、实施内容纲要和综合效益分析。第2章为四节一环保重点技术，内容包括：节能重点技术、节地重点技术、节材重点技术、环境保护重点技术和绿色设计理念。第3章为工程建造关键技术，内容包括：大面积地下室型钢混凝土柱结构施工技术、高位大跨型钢混凝土梁式结构转换层施工技术、高位大跨度钢结构桁架转换层施工技术、大体积混凝土自动测温技术、质量通病重点防治技术、水泥基渗透结晶防水涂料技术、信息化、电子化的施工过程控制技术和楼宇智能控制技术。

　　本书在编写过程中，按照住房和城乡建设部对科技示范工程的要求，对本工程中运用的建筑节能技术和施工关键技术进行了认真的总结，希望能为建设行业的科技工作者提供参考与帮助。

编　者

目 录

序
前言

第1章 工程概况 ··· 1
  1.1 工程基本信息 ·· 1
  1.2 相关单位 ·· 1
  1.3 建筑设计 ·· 2
  1.4 结构设计 ·· 2
  1.5 实施内容纲要 ·· 3
  1.6 综合效益分析 ·· 4
    1.6.1 总体效益 ·· 4
    1.6.2 单项效益分析 ··· 5

第2章 四节一环保重点技术 ·· 8
  2.1 节能重点技术 ·· 8
    2.1.1 外立面节能（围护结构节能） ·· 8
    2.1.2 蓄能中央空调系统 ·· 8
    2.1.3 与冰蓄冷相结合的低温送风系统 ·· 29
    2.1.4 适于低温送风的变风量（VAV）控制技术 ································ 31
    2.1.5 建筑设备监控系统 ·· 33
    2.1.6 福乐斯橡塑保温 ·· 61
    2.1.7 动态流量平衡阀 ·· 66
    2.1.8 绿化屋面 ··· 70
    2.1.9 节能灯具 ··· 71
  2.2 节地重点技术 ··· 71
    2.2.1 立体车库 ··· 71
    2.2.2 轻质砂加气混凝土砌块 ·· 72
  2.3 节材重点技术 ··· 77
    2.3.1 模块式活动隔断 ·· 77
    2.3.2 高性能混凝土 ··· 77
    2.3.3 钢筋镦粗直螺纹连接技术 ··· 79
    2.3.4 虹吸式有压雨水排放系统 ··· 82

2.4 环境保护重点技术 · · · · · · 99
2.4.1 绿色工地施工 · · · · · · 99
2.4.2 石材放射性控制 · · · · · · 101
2.4.3 垃圾处理 · · · · · · 101
2.4.4 边回风口吊顶 · · · · · · 101
2.4.5 混合气体灭火及细水雾消防技术 · · · · · · 101

2.5 绿色设计理念 · · · · · · 102
2.5.1 建筑设计中的绿色概念 · · · · · · 102
2.5.2 设备设计中的绿色概念 · · · · · · 102

第3章 工程建造关键技术 · · · · · · 104
3.1 大面积地下室型钢混凝土柱结构施工技术 · · · · · · 104
3.1.1 结构设计概况 · · · · · · 104
3.1.2 主要施工技术难点 · · · · · · 104
3.1.3 钢结构深化设计 · · · · · · 105
3.1.4 主要施工安排 · · · · · · 106
3.1.5 柱脚螺栓预埋 · · · · · · 109
3.1.6 型钢柱现场安装 · · · · · · 111
3.1.7 模板工程 · · · · · · 117
3.1.8 小结 · · · · · · 118

3.2 高位大跨型钢混凝土梁式结构转换层施工技术 · · · · · · 118
3.2.1 结构设计概况 · · · · · · 118
3.2.2 主要施工技术难点 · · · · · · 120
3.2.3 主要施工安排 · · · · · · 120
3.2.4 型钢大梁现场安装 · · · · · · 120
3.2.5 模板承重架 · · · · · · 128
3.2.6 模板工程 · · · · · · 131
3.2.7 钢筋工程 · · · · · · 132
3.2.8 混凝土工程 · · · · · · 132
3.2.9 小结 · · · · · · 133

3.3 高位大跨度钢结构桁架转换层施工技术 · · · · · · 134
3.3.1 结构设计概况 · · · · · · 134
3.3.2 主要施工技术难点 · · · · · · 135
3.3.3 主要施工技术措施 · · · · · · 135
3.3.4 施工顺序 · · · · · · 135
3.3.5 钢结构安装 · · · · · · 137
3.3.6 混凝土结构施工要点 · · · · · · 145
3.3.7 安全保证 · · · · · · 147
3.3.8 小结 · · · · · · 147

3.4 大体积混凝土自动测温技术 ··· 147
3.4.1 大体积混凝土概况 ··· 147
3.4.2 底板施工部署情况 ··· 149
3.4.3 温度预测与控制指标 ··· 149
3.4.4 测温系统开发 ··· 150
3.4.5 测温要求 ··· 151
3.4.6 测温点布置 ··· 151
3.4.7 信息化的养护措施 ··· 153
3.4.8 小结 ··· 153
3.5 质量通病重点防治技术 ··· 153
3.5.1 地下室柱模改进 ··· 153
3.5.2 金属网格护角 ··· 153
3.5.3 吊顶裂缝防治 ··· 153
3.6 水泥基渗透结晶防水涂料技术 ··· 154
3.6.1 防水概况 ··· 154
3.6.2 材料性能介绍 ··· 155
3.6.3 施工操作方法 ··· 155
3.6.4 质量安全 ··· 155
3.7 信息化、电子化的施工过程控制技术 ··· 156
3.8 楼宇智能控制技术 ··· 156

第1章 工程概况

1.1 工程基本信息（表1-1）

工程基本信息 表1-1

工程名称	浙江电力生产调度大楼
建设规模	总建筑面积84724m^2；地下3F，地上14F，建筑高度65.4m
结构类型	基础采用挖孔桩，主体为现浇钢筋（型钢）混凝土结构
内外装饰	（1）外立面采用中空Low-E玻璃窗花岗岩墙面单元式幕墙与双层中空Low-E玻璃幕墙结合，配以局部遮雨天膜屋盖。 （2）内部装饰根据使用功能不同采用了石材、防静电架空地板、地砖、面砖、乳胶漆、石膏板、铝板等不同材质
开、竣工时间	2004年1月1日～2006年9月28日
建设地点	杭州市黄龙路与西溪路交叉口的东南侧（地理位置详见图1-1）

图1-1 工程地理位置图

1.2 相关单位（表1-2）

相关单位 表1-2

建设单位		浙江电力生产调度大楼工程建设管理处
勘察单位		杭州市勘测设计研究院
设计单位	建筑、结构、安装设计	浙江大学建筑设计研究院
	电力调度、通信、信息工艺设计	华东电力设计院
	装饰、景观设计	杭州国美建筑装饰设计院
监理单位		上海建科建设监理咨询有限公司
质量安全监督单位		杭州市建设工程质量安全监督总站
施工总包单位		浙江省建工集团有限责任公司

1.3 建筑设计（表1-3）

建筑设计　　　　　　　　　　　　　　　　表1-3

平面形状、尺寸	平面为矩形，地下室轴线尺寸153.3m×61m，上部主体基本柱网尺寸为8.1m×8.0m，总长度137.7m，总宽度48m
建筑面积	用地面积13200m^2，总建筑面积84724m^2
建筑高度、层数、层高	建筑高度65.4m。地下3F，地上14F。层高：−3F、−2F为4.8m，−1F为5.7m；1F为5.1m，2F~14F为4.2m
主要楼层建筑功能及标高描述	◇ −3F（−15.300m）主要为汽车库、水泵房、水池、机房、库房、蓄热罐区等；−2F（−10.500m）主要为汽车库、自行车库、蓄电池室、机房、库房等；−1F（−5.700m）主要为下沉式广场、水池、餐饮用房、空调机房、工艺库房、配电房、蓄冰机房等。 ◇ 1F~4F为公共服务部分，安排展示、档案、会议、多功能厅等用房。 1F主要为入口花园广场、门厅、接待用房、机房等；2F主要为职工活动用房、办公用房等；3F主要为办公用房、空调机房、库房等；4F主要为346座大会议厅、中小会议室、办公接待用房等。 ◇ 5F~14F为办公区，其中北侧①~⑦轴区块安排调度、通信、信息机房及调度办公用房
地下防水	底板底采用"赛柏斯"水泥基渗透结晶型防水涂料； 地下室混凝土外墙外侧、顶板外露室外部分防水采用两道德高防水涂料，挤塑板保护层
屋面设计	屋面采用FJS防水涂料、PVC卷材防水层，挤塑板保温层
主要设计等级	建筑结构安全等级一级；耐火等级一类一级；抗震设防烈度6度；屋面防水等级Ⅱ级，防水层耐用年限15年；地下室防水等级Ⅰ级

1.4 结构设计（表1-4）

结构设计　　　　　　　　　　　　　　　　表1-4

基坑围护设计		用φ800@950钻孔灌注桩排桩挡墙，外设φ600@400双排水泥搅拌桩止水帷幕，挡墙内设三道现浇钢筋混凝土桁架式支撑
基础设计	基础型式	基础采用人工挖孔灌注桩；地下室采用现浇钢筋（型钢）混凝土结构
	基础描述	人工挖孔灌注桩，桩径1000~2000mm，扩底直径1600~3600mm，桩长4~12m。桩身及护壁混凝土强度等级C30。 底板厚1000mm，墙板厚350~550mm。楼板厚度150~250mm。 平面约有80根柱为型钢混凝土柱，内设"十"字形型钢柱。 地下室（D）~（E）轴间设纵向后浇带，（3）~（4）、（6）~（7）、（10）~（11）、（13）~（14）轴间设横向后浇带，后浇带宽800mm

续表

主体结构设计	主体结构型式	主体为现浇钢筋（型钢）混凝土框架剪力墙、现浇梁板式楼盖结构
	主体结构描述	上部结构于（7）轴设一道抗震缝（兼伸缩缝），地下室不设缝。 三层（1）～（10）、四层（E）/（14）～（16）局部楼面设置16m跨型钢混凝土转换大梁。 十层（10～18/A、B、C轴）分设64.8m（40.5+8.1+16.2）、56.7m（32.4+8.1+16.2）和48.6m大跨度高位钢结构转换桁架（弦杆为钢箱梁600×600×40，腹杆为H型钢600×600×30），转换层楼板为压型钢板现浇钢筋混凝土楼面。 调度室屋面采用24m×24.3m平板钢网架刚性屋面板。 其他楼层面均采用现浇梁板结构，板厚200～300mm。 砌体：地下室及上部结构筒体隔墙均采用KP1黏土多孔砖；其余隔墙采用伊通砌块和轻钢龙骨纸面石膏板，调度部分采用可拆装模块隔断
	主要设计等级	设计使用年限50年，结构安全等级一级，地基基础设计等级甲级，桩基安全等级一级，地下室人防设计等级六级

1.5 实施内容纲要

工程实施过程中，依托建设部科技成果推广转化指南项目，结合工程实际，开展了多项四新技术的创新开发和推广应用，主要内容归纳起来有三大类共计28项技术，详见表1-5：

新技术的开发和应用　　　　　　　　　　　　　　　　　表1-5

序号	项目名称	备注
	一、工程建造关键技术	
1	大面积地下室型钢混凝土柱结构施工技术	
2	高位大跨型钢混凝土梁式结构转换层施工技术	
3	高位大跨度钢结构桁架转换层施工技术	
	二、四节一环保重点技术	
1	节能设计标准	
2	外立面（围护结构）节能措施	
3	蓄能中央空调（冰蓄冷、电蓄热）	
4	与冰蓄冷相结合的低温送风系统	
5	适于低温送风的变风量控制技术	节能重点技术
6	建筑设备监控系统	
7	福乐斯橡塑保温	
8	动态流量平衡阀	
9	绿化屋面	
10	节能灯具	

续表

序号	项目名称	备注
11	立体车库	节地重点技术
12	轻质砂加气混凝土砌块	
13	模块式活动隔断	节材重点技术
14	绿色工地施工	环境保护重点技术
15	石材放射性控制	
16	边回风口吊顶	
三、其他新技术		
1	大体积混凝土自动测温技术	
2	高性能混凝土	
3	质量通病重点防治	
4	水泥基渗透结晶防水技术	
5	信息化、电子化的施工过程控制技术	
6	楼宇智能控制技术	
7	混合气体灭火及细水雾消防技术	
8	虹吸式雨水排放系统	
9	钢筋镦粗直螺纹连接技术	

1.6 综合效益分析

1.6.1 总体效益

本工程具有施工体态大、工期要求短、质量要求高、技术难度大且具代表性的特点,有些技术为首次采用。四节一环保为代表的四新技术应用、重难点部位的技术攻关,在施工中取得了良好的效果。既满足了设计要求、保证了质量,又加快了进度,还有效地降低了施工成本,为业主节省了投资。

新技术的应用还带来了良好的社会效益。本工程通过新技术施工减少了城市环境污染,降低了现场的粉尘噪声,提高了施工的文明程度。总体来说,在保证工程各项使用功能、提高企业技术水平、树立良好企业形象等方面效益显著。

1. 确保工程质量,加快工程进度

本工程体态大、结构复杂,由于设计施工中采用了先进合理的"四新"技术,工程质量得到了可靠的保证,最近荣获浙江省优质工程"钱江杯",现正申报国优"鲁班奖"。

在确保工程质量的前提下,工程的进度也得到了保证。

2. 扩大社会影响，体现示范效应

本工程为杭州市乃至浙江省的标志性建筑，通过新技术的应用，在紧张的工期情况下保证了质量。工程的圆满完成，不仅扩大了影响，在社会上树立了示范工程的良好形象，而且也增加了承建单位的社会知名度，为今后承接业务打下了良好的基础。

3. 减少工程投资，增加工程效益

应用新技术可以从增加使用面积、提升建筑功能，以及节省材料、人工、资金等方面来节约工程造价、提高效益。新技术的应用在方便施工、保证质量、加快进度等之外，确确实实地提高了效益。

工程的顺利建成，各项新技术的配套集成应用，在营造一个绿色环保的工作环境的同时，形成了全省电网的通信、信息、调度中心，为解决电荒、实现全省电网负荷三年翻两番提供了有力支持。

1.6.2 单项效益分析

1. 四节一环保技术类

（1）大楼在设计伊始就采用了较高水平的节能设计，体现了业主作为能源企业的社会责任感和超前的节能减排思路，在社会上起到了良好的示范带头效应。

（2）本工程包括外立面节能、门窗、蓄能空调、低温送风、变风量控制等在内的节能设计总体水平，可以达到比基准建筑节能65%的目标，产生的经济效益非常显著。

（3）建筑设计监控系统在充分采用了最优设备投运台数控制、最优起停控制、焓值控制、工作面照度自动控制、公共区域分区照明控制、供水系统压力控制、温度自适应控制等有效的节能运行措施后，可以使建筑物减少20%左右的能耗。

（4）大楼汽车库采用立体车库技术，3个车位可停放5辆车，增加了约140个车位，缓解了大楼处于市中心而面临的车位紧张情况，按该区域常规20万元/车位的价格估算，增加间接效益达2800万元。

（5）工程采用了节能、节地、节水、节材、环境保护各项措施，在保证建筑功能和空间舒适度的同时，节约了资源，保护了环境，经济社会效益显著。

2. 工程建造关键技术类

工程建造关键技术的研究，顺利地完成了大面积地下室型钢混凝土柱结构、高位大跨型钢混凝土梁式结构转换层、高位大跨度钢结构桁架转换层的施工，实现了该种结构类型的功能和效果，施工过程中根据实际情况采取的技术措施、部署安排均有效地保障了工程的进度、质量和安全，产生了显著的经济和社会效益。

型钢混凝土（SRC）结构是钢—混凝土组合结构的一种主要形式，由于其承载能力高、刚度大及抗震性能好等优点，已越来越多地应用于大跨结构和地震区的高层建筑以及超高层建筑。SRC结构比钢结构可节省大量钢材，增大截面刚度，克服了钢结构耐火性、耐久性差及易屈曲失稳等缺点，使钢材的性能得以充分发挥，采用SRC结构，一般可比纯钢结构节约钢材50%以上。

与普通钢筋混凝土（RC）结构相比，型钢混凝土结构中的配钢率可比钢筋混凝土结构中的配钢率要大很多，因此可以在有限的截面面积中配置较多的钢材，所以型钢混凝土构件的承载能力可以高于同样外形的钢筋混凝土构件的承载能力一倍以上，从而可以减小构件的截面积,避免钢筋混凝土结构中的肥梁胖柱现象,增加建筑结构的使用面积和空间,减少建筑的造价,产生较好的经济效益。

此项经济效益从增加使用面积角度进行测算。型钢混凝土柱截面尺寸相比钢筋混凝土柱可减少20%左右。因此,相同荷载作用下,单根型钢混凝土柱(1m×1m)截面积比钢筋混凝土柱可增加使用面积$(1-0.8×0.8)×1×1=0.36m^2$,考虑17层且每层80根型钢混凝土柱共可增加使用面积489.6m^2,按所处黄龙商务区同档次写字楼约1.5万元/m^2的单价计算,可增加效益734.4万元。

施工中通过攻关课题的研究,采取了针对性的技术措施,结合周密的部署安排,保证工程地下室于2004年6月16日封顶,主体于2004年12月5日顺利封顶,比原定年底封顶的目标提前26天,钢管等周转材料租费节约达15万元,2台C7022塔吊租费70000×2×26/30=12.1万元,电费、人工工资等其他节约20万元。

工程建造关键技术的研究,解决了大面积型钢混凝土结构施工、高空大跨型钢混凝土梁式结构转换层、高空大跨钢结构桁架结构转换层的技术难题,避免了进度拖延以及扎筋困难导致的保护层、胀模等质量问题,保证了结构安全以及高空重载情况下的施工安全,实现了设计意图。

工程各项技术的宣传,以及各位专家同行的现场参观,也体现示范工程在推广应用新技术方面所产生的社会效应。浙江电力生产调度大楼工程已被评为浙江省优质工程"钱江杯",正在申报国优"鲁班奖"。结构质量和进度得到了业主、质监、协会领导,以及外省市参观专家的好评。

工程建造关键技术开发实施中形成的"型钢(劲性)混凝土结构施工技术"、"高空大跨钢结构桁架转换层施工技术"两项成果通过了省建设厅组织的课题验收,均被评为国内领先水平。加上一项省级工法,由此形成的成套施工技术将对今后类似结构施工发挥较大的指导、借鉴作用。

3. 其他新技术类

(1) 大体积混凝土施工中由于采用了先进的实时电子测温技术,能及时了解混凝土内部温度情况及变化趋势,指导了现场的养护措施,避免了不必要的材料消耗,粗略估计节约费用5万元,并且为大体积混凝土结构的顺利完成提供了有力的保证。

(2) 高抗渗等级混凝土、ZY微膨胀剂的应用,有效地实现了超长混凝土地下室的抗裂防渗;自密实混凝土在型钢混凝土大梁的应用,避免了大梁混凝土尤其是型钢梁底部混凝土的密实,保证了混凝土结构的施工质量。

(3) 质量通病的重点防治措施,有效地解决了柱角漏浆、胀模、柱角易破损、超长纸面石膏板吊顶易产生裂缝等质量通病,提高了施工质量水平。

(4) 信息化、电子化的施工过程控制,使得管理人员能够在重点结构部位、操作面获取可靠数据,有针对性地指导施工。

(5) 混合气体 IG-541 灭火剂对大气层无污染,在喷放时,不会形成浓雾或造成视野不清,使人员在火灾时能清楚地分辨逃生方向。细水雾灭火系统能够替代卤代烷等对环境有破坏的气体灭火系统及现有的会造成水渍损失的自动喷水灭火系统。

(6) 吉博力虹吸式雨水排放系统,即压力流雨水排放系统,该系统在设计中有意造成悬吊管内负压抽吸水流作用,具有泄流量大、耗费管材少、节约建筑空间等优点。

（7）镦粗直螺纹连接技术具有强度高、性能稳定、应用范围广、便于管理等特点。与锥螺纹相比，在同样规格情况下，直螺纹套筒的钢材使用量要比锥螺纹套筒减少 25% 左右，套筒的加工也比锥螺纹容易。与套筒挤压相比，镦粗直螺纹接头目前的费用低于同规格套筒挤压接头的费用，而施工的方便程度和工效则明显好于套筒挤压连接，钢筋直径越大，这种差别就越明显。

第2章 四节一环保重点技术

"四节一环保"即：节能、节水、节地、节材、环境保护。节能是在推行屋面、外墙、门窗、楼地面一体化的系统节能设计的同时，有效实施节能技术及其产品的技术攻关，注重太阳能、风能、地热能等可再生能源的开发利用；节水是要提高污水再生利用率和雨水收集利用等；节地重点要求的是合理利用土地；节材则强调推广应用高性能、低材（能）耗、高耐久性、污染低、可再生循环利用的建筑材料，因地制宜，就地取材，推进产业化装修一次到位的成品住宅建设等；环境保护包括室内环保和室外环保。

2.1 节能重点技术

2.1.1 外立面节能（围护结构节能）

（1）外墙玻璃采用双层中空 Low-E 玻璃，对容易出现冷桥的薄弱部位做保温隔热的构造措施，并加设了遮阳百叶；

（2）石材幕墙采用单元式（详见图2-1），内侧采用空气层加岩棉层做隔热处理，实现了围护结构的有效节能；

（3）铝合金采用断热型材，并经氟碳喷涂。

图2-1 单元式幕墙

2.1.2 蓄能中央空调系统

2.1.2.1 应用概况

1. 系统简介

为减少中央空调白天的用电峰值，充分利用国家的电力优惠政策和缓解电力紧缺现状，本工程采用移峰填谷的蓄能中央空调系统。冷源采用冰蓄冷系统，热源采用电锅炉水蓄热系统；空调使用时间为24小时制。

（1）夏季设计日全日总冷负荷101775kWh，尖峰冷负荷8561kW，设计蓄冰量26764kWh；冬季设计日全日总热负荷58526kWh，尖峰负荷5605kW，设计蓄热水量480T(95℃)。

（2）夏季夜间机载尖峰冷负荷1266kW；冬季空调尖峰冷负荷598kW。

（3）分量蓄能模式。蓄冰系统采用主机上游分量蓄冰方式；蓄热系统采用主机下游分量蓄热方式。

2. 空调冷源系统配置（详见图2-2）

（1）本工程按冰蓄冷分量蓄冰模式设计，冷源选用2台制冷量为2638kW双工况离心机组和1台制冷量为1407kW的双工况螺杆冷水机组制冰和供冷；

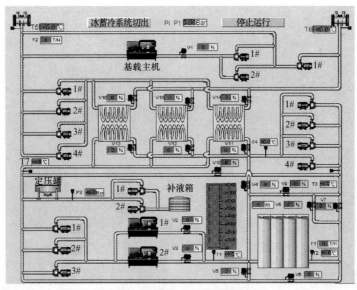

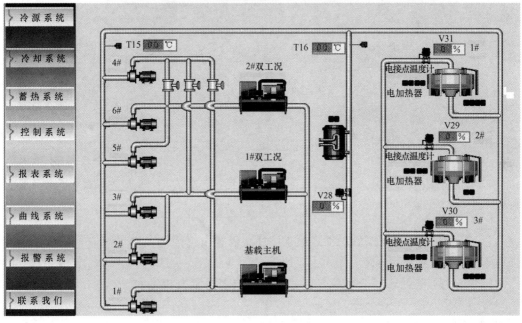

图 2-2 空调冷源系统配置图

（2）蓄冰装置：本工程采用不完全冻结式金属蛇形盘管式蓄冰系统，系统总蓄冰量为 7600RTH，配置 10 台容积为 TSC-761MS 型蓄冰盘管；

（3）制冷板式换热器：板式换热器将蓄冰系统的乙二醇回路与空调系统回路隔离。板式换热器侧进出口温度为 11.8℃/3.5℃，25％乙二醇溶液侧进出口温度为 2.5℃/10.5℃，用换热量为 2600kW 的板换 3 台；

（4）水泵：

型号和数量采用如下：

初级乙二醇泵　　420m³/h　32m　55kW　　　1450rpm　3 台

次级乙二醇泵　　280m³/h　18m　18.5kW　　1450rpm　4 台

冷却水泵	385m³/h	32m	45kW	1450rpm	6台
冷冻水泵	220m³/h	13m	15kW	1450rpm	2台
	110m³/h	27m	15kW	1450rpm	1台
	246m³/h	35m	37kW	1450rpm	4台

(5) 冷却塔：

采用横流式、低噪音冷却塔1台，冷却塔水流量400m³/h，电机功率15kW。

横流式、低噪声冷却塔2台，冷却塔水流量400m³/h，电机功率30kW。

3. 空调热源系统配置（详见图2-3）

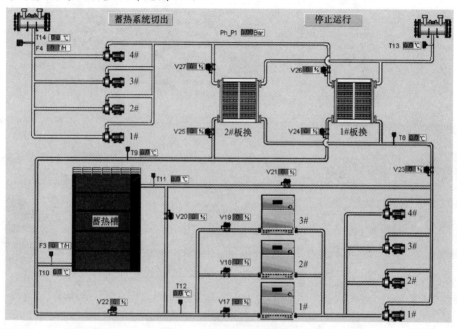

图2-3 空调热源系统配置图

(1) 本工程采暖系统按分量蓄热模式设计，采暖系统配备3台WDZ0.900-0.7（单台制热量900kW）电热水锅炉；

(2) 采用蓄热容积为48m³钢结构水槽，蓄热水终温为95℃；

(3) 水泵：

水泵的型号和数量如下：

蓄热水泵	46.1m³/h	20m	5.5kW	1450rpm	4台
供热水泵	162m³/h	32.5m	22kW	1450rpm	4台

(4) 采暖板式换热器：板式换热将蓄热系统回路与空调系统回路隔离。热水炉蓄热时供回水的设计温度为95℃/50℃，空调工况时热水炉供回水的设计温度为55℃/45℃。电锅炉和蓄热水槽联合供热时一次水进出板换的设计温度为85℃/55℃，二次水进出板换的设计温度为45℃/55℃

4. 空调水系统

(1) 空调水系统为变流量四管制，工作压力1.2MPa。

(2) 空调水系统原则采用异程式机械循环，按区域分为四个子系统：地下室部分、主楼北侧、主楼中部及主楼南侧。

5. 乙二醇系统

(1) 乙二醇系统工作压力为 0.4MPa，蓄热系统工作压力为 0.4MPa。

(2) 蓄冰系统内采用 25％质量浓度的工业抑制性乙二醇水溶液。

2.1.2.2　工艺流程

1. 空调制冷系统流程（详见图 2-4）
2. 空调制热系统流程（详见图 2-5）

2.1.2.3　设备安装

1. 一般规定

(1) 设备开箱检查：核对设备名称、型号、数量是否符合施工图的要求，检查外表有无损伤、锈蚀、随机附件、资料是否齐全，并做好开箱记录。

(2) 基础检查验收：以施工图和规范为依据，检查设备基础的平面位置、标高、强度、外形尺寸及预留孔位置，做好基础检查验收记录。

(3) 基础放线：按施工图的要求并依据建筑物轴线，标高线标出安装基准线。

(4) 设备搬运吊装就位：设备搬运吊装前，必须查清设备数量及外形尺寸，配合合适的搬运机具和选择好拖运路线，钢丝绳捆绑时不得损伤机体表面。

(5) 地脚螺栓、垫铁：垫铁放置、地脚螺栓的安装均按规范 GB 50231—98 的要求进行。垫铁布置应靠近地脚螺栓，每组垫铁的数量不宜超过 5 块，相邻二垫铁的距离为 500～1000mm；地脚螺栓应垂直，不得碰孔底和孔壁，螺母拧紧后，螺栓应露出螺母，露出的长度为螺栓直径的 1/2～1/3。

(6) 设备就位、找平调整：按照规范要求对设备找平调整。

(7) 灌浆：灌浆前应将基础预留孔清洗干净，灌浆混凝土比基础强度等级高一级，并采用细石混凝土振捣密实。

(8) 试运转：机械设备安装就位后应试运转，容器类应试压，各项要求应达到规范及设备随机文件的规定。

2. 设备安装施工工艺流程（详见图 2-6）

3. 冷水机组安装

(1) 冷水机组的纵、横向安装水平平均不应大于 1/1000，并应在底座或与底座平行的加工面上测量（严格按照特灵厂家提供的安装技术要求进行安装）。

(2) 在试运行前应符合下列要求：

1) 制冷剂充灌：按规定向系统充灌制冷剂。

2) 应严格按照设备安装、调试、使用说明书进行设备的安装和调试。整体出厂的螺杆式冷水机组一般由设备制造厂家派人进行单机试运行和调试。

3) 断开联轴器，单独检查电动机的转向应符合压缩机要求，连接联轴器，其找正允许偏差应符合产品说明书要求。

4) 减振垫应按设备技术文件要求布置，设备与基础间除减振垫外，不应填混凝土，以确保减振垫的功能运输或吊装时，设备上的受力部位应按技术文件要求把握重心，确保稳定防止设备变形及吊装事故发生。

5) 安装结束至试车间隔时间较长时应作好临时防护措施。

浙江电力生产调度大楼

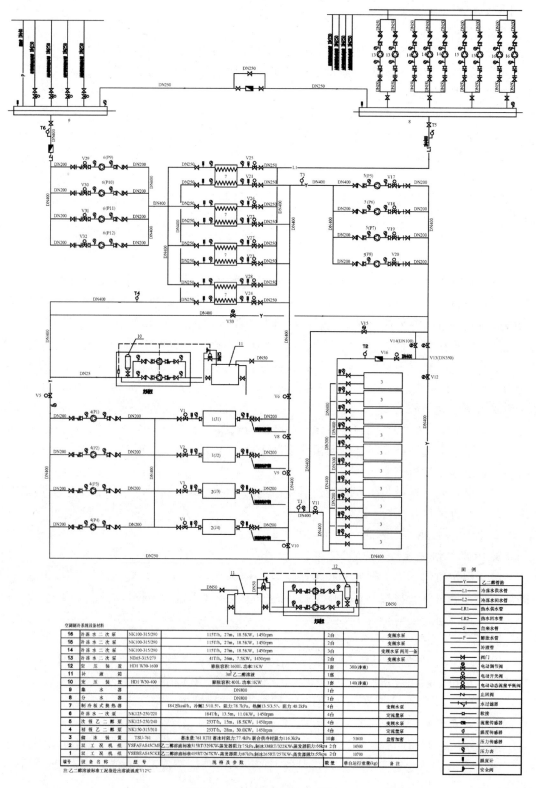

图 2-4　空调制冷系统流程图

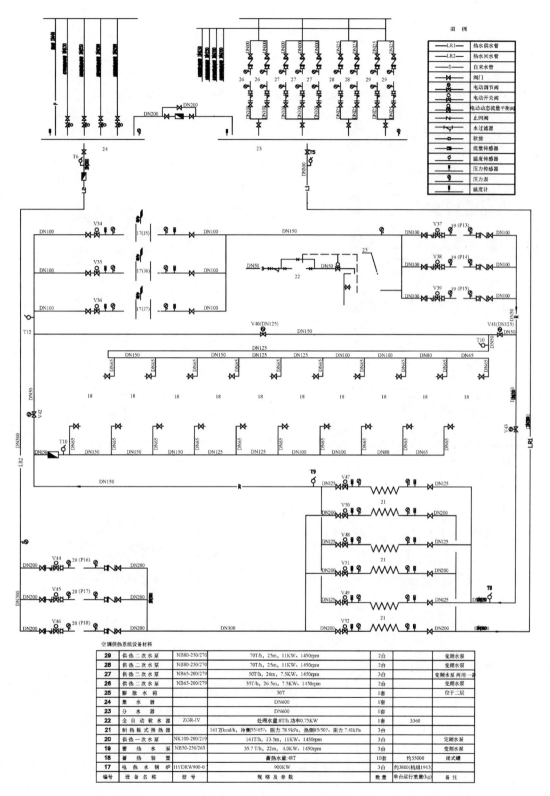

图 2-5 空调制热系统流程图

（3）按规范要求进行负荷运转。在最小负荷下，按设备技术文件规定的运转时间运转。检查机组的响声、振动、压力、温度、温升等要符合设备技术文件的规定，并记录各项数据。

4. 冷水机组安装施工工艺流程（详见图2-7）

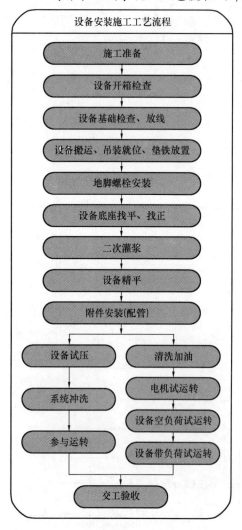

图2-6 设备安装施工工艺流程图

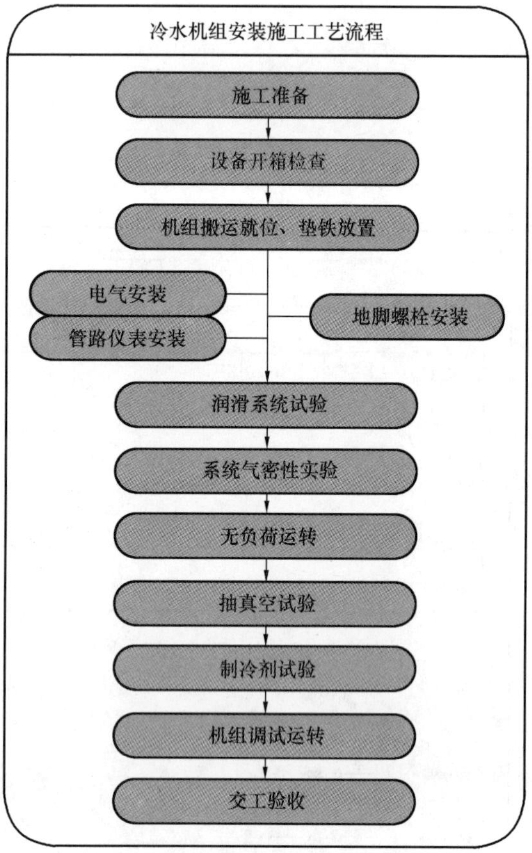

图2-7 冷水机组安装施工工艺流程图

5. 冷却塔的安装

（1）冷却塔安装应平稳、牢固，地脚螺栓的固定应牢固，塔体不垂直度不应超过1‰。

（2）冷却塔的出水管口及喷嘴方向和位置应正确，布水均匀，喷水出口宜向下与水平呈30°夹角，且方向一致，不应垂直向下。

（3）玻璃钢冷却塔和用塑料制品作填料的冷却塔，安装应严格执行相关规定。

（4）塔体分块拼装时，应使金属夹板和垫片与塔体肋根圆弧面粘合。上、中壳体拼装应平整，下壳体拼装应密封良好。

（5）安装淋水层填料时，应双片交叉拼叠盘转，不宜过紧或过松。保证表面平整，间距均匀，安装完工后应做满水试验。

（6）冷却塔安装后其他安装工作应注意防火事项。

6. 泵的安装

（1）泵的开箱检查应符合下列要求：

1）按设备技术文件的规定核对泵型号、规格，清点泵的零件和部件有无缺损，管口保护物和堵盖完好。

2）核对泵的主要安装尺寸，并应与设计相符。

（2）出厂时已装配，调整完善的部分不得随便拆卸。

（3）驱动机与泵连接时，一般应以泵的轴线为基准找正使联轴器同心度符合规范要求。

（4）泵出入管道应有各自的支架，泵不得直接承受管道的重量。

（5）泵出入口法兰严禁强行组对（尤其是管道泵，当法兰平等度不一致时，严禁强行组装）。

（6）管道与泵边接后，应复查泵的找正精度，当发现由于管道连接而引起偏差时，应调整管道。

（7）管道与泵连接后，不应在其上进行焊接或气割，当需焊、割时，应点焊后拆下管道进行焊接（或采取必要措施），防止焊渣、氧化铁进入泵内。

（8）水泵在额定负荷下连续试运转 8 小时，试运转过程中，各固定连接部位不应有松动，转子及各运动部件运转正常，不得有异常声音和摩擦现象，附属系统运转正常，管道连接应牢固无渗漏，滑动轴承的温度不应大于 70℃，滚动轴承的温度不应大于 80℃。

7. 蓄冰装置设备制作、安装

（1）根据设备制作装配图纸，组装安装好附属配件，并及时安装就位并做好安装记录。

（2）检查内部配管、冰量传感器与仪表控制部分等部件的完好情况。

（3）检查放置蓄冰盘管的混凝土基础，如基础坡度每 1000mm 超过 12.5mm，采用强力砂浆进行修正。

8. 板式换热器

（1）在进行管道与换热器连接之前，务必将管道中的所有杂质除去，连接切勿使两者之间产生应力。

（2）换热器两边都必须设置排气阀，可以将开工试运转时将系统中的空气排出，也可操作运行时排气。

9. 蓄热装置

（1）设备制作、安装：

1）根据设备制作装配图纸，制作槽体部件，及时安装就位并做好安装记录；

2）检查内部配管、温度传感器与仪表控制部分等部件的完好情况。

（2）检查放置储热槽的混凝土基础，如基础坡度每 1000mm 超过 12.5mm，采用强力砂浆进行修正；

（3）储热槽采用钢结构，采用聚氨酯现场发泡保温，保温厚度 100mm，内部用喷锌材料做防腐处理；

(4) 槽体试漏与保温

槽体完成后，槽体注满水进行试漏，确保槽体达到设计要求后，再放水进行聚氨酯现场发泡工作；发泡工作完成后进行防腐层的施工，防腐层为喷锌材料；要特别注意槽体的排污管处的保温与防腐工作。

10．电热水锅炉

(1) 锅炉房的布置、锅炉的安装应符合《热水锅炉安全技术监察规程》的有关规定。

(2) 起吊不允许直接用箱体吊耳起吊！也不允许采用箱体吊耳与电气柜吊耳进行起吊！应选炉体吊耳与电气柜吊耳一起起吊，并应注意人身安全、设备安全！

(3) 用地脚螺栓或膨胀螺栓将锅炉固定在基础上，但不要将底架埋入基础内。锅炉房内应设有一定的通风口，以保证空气流通，使锅炉能正常运行。

(4) 参照"电热水锅炉管路系统图"进行管路连接，按规定应进行水压试验，合格后方可进行保温。

2.1.2.4 管道施工

1. 工程范围及内容

(1) 根据图纸说明，本工程管道安装的主要范围是冷（热）源站内，空调循环冷冻水管道、热水管道及乙二醇管道系统，末端空调供回水管。

(2) 管道主要用材，$DN<100$ 直接采用镀锌管，丝扣连接。$DN\geq100$ 采用无缝管，焊接安装，拆下热镀锌，二次安装。乙二醇管道用无缝管焊接安装。

2. 施工准备

(1) 组织施工人员熟悉图纸，编制施工材料预算，掌握有关技术规范要求，进行施工技术交底，明确施工技术要求。

(2) 物资部门应根据工程材料预算及时落实采购意向，并在开工前，将需先用的材料（设备）及时供到施工现场，施工用主要材料，设备及制品，应符合国家及部颁现行标准的技术质量鉴定文件或产品合格证。

(3) 熟悉施工现场，落实好施工机具、力量、材料、用水、用电和施工现场消防设施，保证正常施工。

3. 施工技术要求

(1) 本工程管道安装严格按图及国家有关标准图册施工，图纸变更必须经甲方、设计方许可，凭变更联系单、变更图纸方可施工。

(2) 管道安装程序（详见图2-8）

1) 丝接管的加工

①按测绘草图所给尺寸进行断管和套丝。

②断管。断管时应保持断口面与管子中心线垂直。无论是砂轮切管或是手工锯管和套丝断管，都可以采用调直的角铁做定位架，定位角铁中心线与切割线垂直就可。要经常检验定位架轴线的直度断管后要清除毛刺和铁屑。

③套丝主要是用套丝机进行加工，在个别情况下也可采用手工套丝。

④根据管子直径调整板牙大小，板牙口应完好无损。

⑤套丝时不能一次套成。一般 $DN15\sim32$ 套丝二次，$DN40\sim50$ 套丝三次，$DN65$ 以

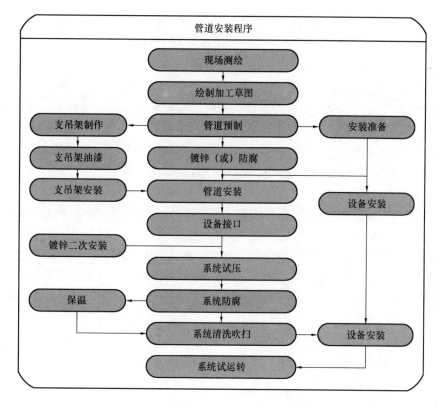

图 2-8 管道安装程序图

上套 3~4 次。复套时板牙应按原螺扣顺着进入，以防断丝，丝扣不得有乱扣和断扣现象。断丝和缺丝不得大于螺丝全扣 10%，丝扣加工后应用标管件试旋入，旋入松紧合适即可。

⑥配装管件。根据现场测绘草图中管件的品种，规格进行装配。装配时先在管丝扣上铅油，缠上麻丝，再旋上管件，旋上扣后试试比较顺利，再用管钳拧入，使丝扣外露 2~3 扣即可。割掉外露麻丝头，擦掉白铅油，补涂上银粉漆。否则丝扣处会生锈。

注意：管件旋入不顺时不得用管钳强行拧入。

2）焊接加工（由各持证焊工进行施焊）

①无缝管的断管。根据测绘草图进行断管，断管采用砂轮切割机时同丝扣加工一样采用角钢定位。大管径采用手工气割时，应采用小型滚轮架，将管子放在滚轮架上，割枪固定，转动管子，割出的割口齐平，断管后应及时去毛刺和割渣。

②无缝管开孔作三通管时，应放样，把样板覆在管上画出切割线进行手工气割，孔径应大于插入管外径 2~3mm 并割出坡口。支管的断口与主管内径齐平。

③安装法兰前应在管子上和法兰上画出十字线打上样冲孔。管子与法兰以十字线为准，管子上开孔的方位也以十字线为准，这样安装时方位不会搞错。

④法兰与管道组对时要保持法兰面与管中心线垂直，一副法兰之间方位要对中，法兰与管子点焊时，里外都要点，点固焊要均匀。

⑤法兰的焊接应放置在专用轮胎上进行，使焊接成船型角焊缝，这样焊缝美观，焊接参数见公司焊接工艺卡。内外焊缝焊接时，不允许在法兰面上打火。

⑥管子的焊接质量应符合下列要求：

a. 对接口的错口偏差不超过管壁厚的20%，且不超过2mm，不得进行。
　　b. 焊缝表面无咬肉、夹渣、气孔、裂纹现象。焊纹应美观。
　　c. 焊缝周围应清理干净药皮、飞溅。
　3）二次安装
　　①无缝管安装在法兰焊接完成后进行初安装，初安装合格后编号抄下，焊上编号。然后进行热镀锌，检查热镀锌质量。
　　②二次安装无缝管应先进行预安装，预安装时应同时考虑其他管路的坐标位置。
　　③热镀锌合格后可根据现场情况按编号顺序进行二次安装。
　（3）管道安装一般要求
　1）工程所用设备、材料必须做好核对、验收工作，符合要求方可及时收集质量证明书、合格证。
　2）管道安装前，必须清除管内污垢。安装中断或完毕的敞口处，应暂时封闭。
　3）管口螺纹加工必须符合质量要求，如有断丝或缺丝，不得大于管口螺纹全扣数的10%。安装时螺纹外露部分和拧紧部分应符合要求，小于$DN50mm$，可用聚四氟乙烯带，管径大于等于50mm时，应用油麻丝和厚白漆，安装后及时清除丝扣上的剩余麻丝。
　4）直管接口（丝扣、焊接或法兰接口）连接时，如有弯曲必须进行平直处理，以保持平直钢管不平直度；$DN \leq 100mm$时，每10m小于5mm，$DN \geq 100mm$时，每10m不大于10mm，室内铸铁下水管不平直度10m应小于10mm，立管安装不垂直度应小于3mm/m，5m全长偏差不得大于10mm。
　5）管道穿过地下室或地下构物外墙时，应采用防水套管，防水套管应严格按图形要求加工，作法详见国标S312，配合土建做好预埋。穿过其他楼板或墙壁时，应设置套管，安装在楼板内的套管，其顶部应高出地面20mm，底部与楼板底面平，安装在墙壁内的套管，其两端应与饰面平。保温管道的套管直径选择时、应考虑管的保温层厚度。
　　穿梁预留孔（套管）预留（埋）时，应保持与梁垂直。
　　管道穿过基础，墙壁和楼板预留孔洞，其尺寸如设计无要求按工艺执行，承重墙及多孔楼板打洞应注意结构强度，必要时，与土建方联系，采取补强措施。
　6）管子对口焊接采用手工电弧焊和氧-乙炔焊。
　　①管子对口的错口偏差，应不超过管壁厚的20%，且不超过2mm，管口间隙不得用加热扭曲管道的方法。
　　②焊缝宽度和高度应符合焊接技术要求，气焊条表面应无氧化膜，油污和锈蚀、电焊条应根据母材材质选用，符合质保期要求，表皮应不潮、无裂纹、脱皮。
　　③焊缝应无咬口、夹渣、气孔、裂纹现象。壁厚大于5mm的管口对接，应开坡口。
　　④管道采用法兰连接时，法兰应垂直于管子中心线，其表面应平行，法兰的衬垫不得入管内，其外圆到法兰螺栓孔为宜，法兰间不得放置斜面衬垫，连接法兰的螺栓螺杆突出螺母长度不得小于螺栓直径的1/2。采暖和热水供应管道的法兰的衬垫，宜采用石棉橡胶垫。
　　⑤管道支、吊、托架的安装应符合以下规定：
　　a. 位置应正确，埋设应牢固，固定支架不得用金属膨胀螺栓。
　　b. 固定支点应牢固，滑动支架应保证滑动，管座与管架接触不应有切割毛刺。

c. 无冷热伸缩的管道吊架，吊杆应垂直于管子轴线，有冷热伸缩缝的吊杆，应向伸缩反方向偏移。

d. 设备接口上的第一个管道支（拖、吊）架，应保证设备不承担荷重，拆装方便。

e. 低温管的隔热木托板根据成排管线的管径大小制作木托，管托的高度应与保温管高度一致。

f. 空调水管支吊架参照国标 N112 制作，支架位置应符合工艺要求并安全可靠，并做除锈刷漆防腐处理。地下室各类水管的支吊架购配件均做镀锌二次安装。

⑥阀门应有质量保证书和合格证。阀门安装的位置、数量、型号、规格应符合设计要求，并应做好试压检查，不合格的阀门不安装。阀门、管件安装时，应保证管道整体的垂直度。

⑦钢管弯头应符合安装工艺要求。多排管道安装时 90°弯头高度应一致，讲求观感美观。

7）立管安装

①立管暗装在竖井内时，应在管井内预埋铁（件）上安装卡件、支架，并以固定。立管固定托架应有足够的强度和稳定性，以承担管道的膨胀力和管道、介质的重力。

②明装立管在每层楼板要预留孔洞，并埋套管，套管内不得有管道接口。

③分层干、支管的走向应与其他管道和通风管道协调进行，以免安装时发生矛盾。

④分层干支管在吊顶内安装时应考虑吊顶标高，应在墙上标出吊顶标高和管底标高，以及支吊架位置线。

⑤分层干支管安装应在吊顶龙骨安装前完毕，留出喷洒头支管的接口的丝堵。

⑥管道的坡度和坡向应严格按设计要求施工，保证排气、排污的泄水要求。热水供应和采暖供、回水管道，坡度一般为 3‰，但不得低于 2‰。

⑦管道的冲洗和试压应符合设计和规范要求，水压试验应有监理、甲方代表参加，先灌水，放气，灌满后关上放气阀进行升压，升压要缓慢，放气要注意安全，降压也应缓慢，当压力降至 0MPa 时，应充分打开放空阀，放水也要慢，防止管道系统产生负压破坏。及时做好试压、冲洗和隐蔽工程验收记录，压力试验应符合设计和规范要求。

⑧注意与风道、电管、装饰的标高关系。

⑨自动放空阀、减压阀、安全阀、疏水器和橡胶软接头及工作压力低于管道试验压力的设备，容器不参加管路系统的试验压力检验，应做好临时拆除（管路临时接通）或隔离（旁通）处理。管路系统处于试验压力时，应有专人看管压力表和放空阀，防止压力升高时造成超压事故。

⑩伸缩（补偿）器处理，确保固定支架（座）的强度和安装位置，（压缩）处理要留有充足的移动余量，并注意方向。

⑪滑动支架的大小及管径的变化位置和阀门的型号不许任意更改，热水采暖系统，以确保系统的水力、热力平衡。

⑫热（冷）系统（包括蒸气管，冷，热水供，回水管）开始投入运行时应做好预热（冷）工作，应缓慢提高（降低）介质温度，并注意固定支架（座）的强度和滑动支架（座），自然补偿端的位移和补偿的作用。

⑬管道安装一般原则是有压让无压，小管让大管，常温管让冷（热）管道。

⑭在管道施工过程中，注意对管道的镀锌层的保护，避免损坏镀锌层。

2.1.2.5　防腐与绝热

（1）本绝热工程设计采用橡塑保温材料，橡塑保温材料的材质及耐火等级应符合设计要求。

（2）管道保温应在管道试压合格及防腐处理后进行。

（3）绝热层应粘贴平整密实，不得有裂缝、空隙等缺陷。管壳内表面和管子外表面一定要接触紧密，严禁出现空洞，防止发生因温差产生结露损坏隔热层结构，影响使用效果。

（4）胶粘剂应符合使用温度和环境卫生的要求，并与绝热材料相匹配。粘结材料应均匀地涂在部件及设备的外表面，绝热层的纵、横向接缝应错开。纵向接缝不宜设在设备的底面。绝热层粘贴后，宜进行包扎或捆扎，包扎的搭接处应均匀贴紧，捆扎时不得损坏绝热层。

（5）管道的阀门处为将来的拆卸方便应留空隙并用散绝热材料填补。穿墙楼板的管道与套管之间用散绝热材料塞满。

（6）冷媒管道的支架处应垫木托，其厚度与保温材料相同，木垫的空隙处用碎棉塞满。穿墙、穿楼板处用碎棉塞满。

2.1.2.6　电气安装

1. 电气安装施工工艺流程（详见图2-9）

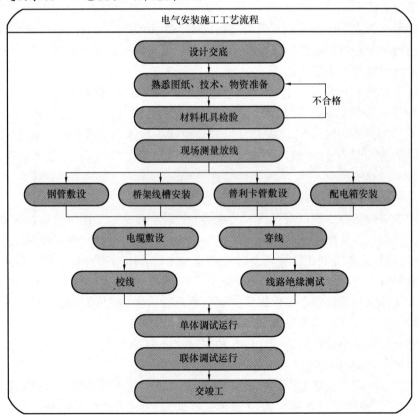

图2-9　电气安装施工工艺流程图

2. 电气施工技术措施

(1) 电缆桥架安装

1) 工程中采用桥架作为主干线,对照明和动力柜提供通路。桥架、线槽支吊架安装要牢固,其间距不能超过1.5m,对接处间隙不能过大,连接螺栓应由里向外穿,在分支和弯头对接处,要采用宽裙式螺栓螺母,当直线长度超过30m或经过建筑物伸缩缝时,应装设伸缩节。桥架、线槽的连接处,均应用软铜线或铜编制线作电气连接,保证接地良好。在穿墙、穿楼板时,该处的缝隙待调试结束后,均要用防火水泥或防火涂料封堵死。电气竖井内的电缆桥架、电缆、封闭式母线安装完毕后,预留孔洞应用防火材料密封。

2) 电缆桥架上敷设的电缆在进入和引出桥架时,需穿钢管、金属蛇皮管;桥架安装应符合《建筑电气工程施工质量验收规范》(GB 50303—2002),桥架经过伸缩沉降缝时,应断开间距约100mm。桥架内敷设的电缆应用尼龙扎带固定。

3) 为确保线槽内导线的绝缘层,线槽内不得有毛刺或尖锐物,配管时,需在槽壁上开孔,必须钻孔或用其本身敲落。

(2) 配管配线

1) 本工程中配管线路主要采用设计专用线管沿墙、吊顶敷设至各用电点,根据设计要求,管内穿线根数与其规格如表2-1所示:

管内穿线根数与其规格 表2-1

规格(号)	17	24	30
穿线根数	1~3	4~6	7~8

2) 线管在安装前应检查质量,对内壁有异常突起,外壁有损伤的部分应切除,保证该管对线路的保护作用。

3) 安装过程中合理使用其附件。

4) 电线保护管不宜穿过设备或建筑物、构筑物基础,当必须穿过时,应采取保护措施;电气线路经过建筑物、构筑物沉降缝或伸缩缝处,应做伸缩节。

5) 配线中采用的管卡、支架、吊钩、拉环和盒(箱)等黑色金属附件,均应镀锌或涂防腐漆。

6) 钢管的内外壁均应作防腐处理。当埋设于混凝土内时,钢管外壁的不做防腐处理,以便两者结合;直埋于土层内的钢管外壁应涂二道沥青;采用镀锌钢管时,设计若有要求,应按设计规定做防腐处理。

7) 钢管不应有折扁和裂缝,管内应无铁屑及毛刺,切断口应平整,管口应光滑。套管焊接连接、焊缝应牢固紧密,采用紧定螺钉连接时,螺钉应拧紧,在振动场所,紧定螺钉应有防松措施;钢管与箱盒连接应符合:钢管与盒(箱)连接可采用焊接连接,管口宜高出箱内壁3~5mm,切焊后应补防腐漆。明配钢管或暗配钢管与盒(箱)连接应采用锁紧螺母与护帽固定。

8) 金属软管敷设:钢管与水泵等的电线保护采用金属软管保护,金属软管长度不大于2m;金属软管应敷设在不易受机械损伤的干燥场所,且不应直埋于地下或混凝土中;金属软管不应通绞,松散,中间不应有接头,与设备器具连接时,应采用专用接头。

（3）电缆工程

1）准备工作，对电缆进行详细检查，核对其型号、电压、规格等应与施工图设计相符；电缆外观应无扭曲、损坏现象。然后进行绝缘电阻检测或耐压试验。1kV 及以下电缆，用 1000V 兆欧表测绝缘电阻、直流耐压和泄漏试验，试验标准应符合国家标准规定。电缆测试完毕，将电缆应用橡塑材料封头。

2）按设计和实际路径计算每根电缆的长度，合理安排每盘电缆，减少电缆接头。

3）电缆放线架应放置稳妥，钢轴的强度和长度应与电缆盘重量和宽度相配合。

4）电缆腐蚀时，电缆应从盘上端引出，不应使电缆在地面摩擦拖拉。电缆上不得有破皮、绞拧、折层折裂等为消除的机械损伤。

5）电缆弯曲半径应符合规范要求，电缆的两端、中间接头、穿管处、垂直位差处均应留有适当的余变。电缆之间，电缆与其他管道、道路、建筑物等之间平行和交叉时的最小净距，应满足规范的要求。

（4）管内穿线

1）同一交流回路的导线应穿于同一钢管内，管内导线包括绝缘层在内的总截面积不应大于管子内空截面积的 40%。

2）穿线时管口应加护口。导线在管内不得有接头和扭结，接头应设在接线盒内。

3）导线连接应采用焊接、压板、压接或套管连接。

4）导线连接在剥开绝缘层时，不应损伤线芯，线芯连接后绝缘带要包扎均匀紧密，其强度不低于原导线绝缘强度。所有的设备接地必须用多股的。

（5）二次回路配线

1）二次回路配线首先要熟悉电气原理图，并查对设备、元件型号规格及导线规格，敷线回路应清晰、美观、整齐。

2）接线前根据图纸编号校对线路，同根导线两端应套上相应编号的接线端子，进入端子的导线应留适当余量。

3）导线的铜芯不得有毛刺和损伤，线头弯成圆圈的方向应与螺钉拧入方向一致，导线与螺帽之间须用垫圈。

4）二次回路配线宜采用截面不小于 $1.5mm^2$ 的多股铜导线，导线中间不应有接头。

5）接线完毕应认真检查线路，为配合模拟试验做好准备。

（6）接地

1）为防止人身触电的危险，工程设专用的接地保护线（PE）即 TN-S 系统接地形式，并进行等电位联结。在配电室内适当柱子处预留 40×4 扁钢作为主接地线，该主接地线应和柱内钢筋可靠焊接。在低压配电室内所有电缆桥架中全长敷设一根和主接地线连接的 40×4 扁钢作为专用接地保护线，和柱内主钢筋可靠焊接。工程的用电设备外壳均采用铜芯导线（BV-0.5kV）与接地扁钢可靠连接，其他所有电气设备不带金属外壳等部分均应可靠接地和专用接地保护线（PE）连接。

2）凡正常不带电、绝缘破坏时可能带电的电气设备的金属外壳、穿线钢管、电缆外皮、支架、空调系统的金属管道、水系统的金属管道、煤气系统的金属管道均应可靠与接地系统连接。

3）总等电位盘由黄铜板制成，应将建筑物内保护干线；设备金属总管；建筑物金属构件等部位进行联结。总等电位联结线采用 BV-1*25SC25，总等电位联结均采用各种型号的等电位卡子，绝对不允许在金属管道上焊接。

4）施工时，可参照《等电位联结安装 97SD567》，各种金属设备总管位置详见水施工图和设施图。

（7）配电箱安装

1）配电箱吊装必需严格按照生产厂商的要求进行吊装。

2）配电箱就位前，预先制作槽钢底座，底座需按照配电箱的标准尺寸进行制作，并用膨胀螺栓进行固定。

3）就位后，配电箱必须用螺栓对其和底座进行牢固的固定。然后进行安全的接地。

（8）安全注意事项

1）严格遵守电工安全技术操作规程和建筑安装工程技术规程有关的规定。

2）施工中所用的灯、电动工具使用后，应特别注意电源，必须切断。使用电动工具特别是手持电动工具时，其外壳必须按要求进行接地。

2.1.2.7 系统测试与调整

系统调试主要程序详见图 2-10。

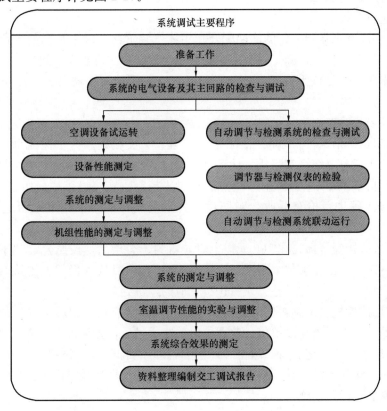

图 2-10 系统调试主要程序图

2.1.2.8 质量保证措施

1. 施工准备质量保证措施

（1）工程开工前，施工人员应认真熟悉设计文件，参加建设单位组织的技术交底和图纸会审，施工员依据施工图编制准确的施工预算。

（2）根据设计要求，各专业配备该项目施工所采用的施工验收规范、质量检验评定标准和标准图等施工技术文件。

（3）由项目技术负责人主持，各专业施工员参加进行内部图纸会审和技术交底，并依据质量计划明确施工的关键过程和质量控制点；开工前，由各专业施工人员对施工班组作施工程序、施工方法、施工技术质量要求等详细的技术交底。

（4）按照本公司质量计划网络图的要求，配备合格的计量测量工具和仪器。

2. 施工过程质量保证措施

（1）工序质量控制

1）工序质量是控制工程质量的关键，对工序活动条件的质量（即：施工操作者、材料、施工机械设备、施工方法和施工环境）和工序活动效果的质量（即：符合质量检验评定标准程度），必须进行全过程有效控制。

2）施工人员应严格按照自己编制审定后的质量计划、施工方案或作业指导书要求施工，严格遵循相应的规范、标准、施工工艺要求施工，并及时做好施工记录。

3）各专业按相应的施工程序，以公司"工程控制程序文件"规定要求，对质量特征的技术参数进行监控。

4）施工中应特别强调工程的前期配合和主体安装工作。对于孔洞的预留和预埋件的埋设，在主体施工过程中，施工人员应密切配合土建，施工班组做到自检、施工员进行复查，项目技术责任人复核无误后，才能进行毛坯安装到位。在器具安装中不污染墙面和地面。

（2）工序质量检查

1）施工班组严格执行"三检"制：自检、互检、交接检。为了保证每道工序达到合格，对施工班组任务书结算实行质量认证制，即没有质量员验收签字不得结算。

2）项目部设专职质量员，对质量点进行专人控制，在每道工序班组自检的基础上，质量员按分项工程进行检查验收，对照设计、规范、标准要求作出是否达到合格的判定。

3）若造成直接经济损失在100元以上者，视为不合格品，按照公司"不合格品的控制程序"文件规定，由施工员填写"不合格品记录"，项目技术责任人主持召开会议，对不合格品作出评审处理，并对施工人员进行相应的经济处罚。

4）在工序质量检验中，对已确定的关键过程和质量控制点均属于停工待检点，必须在自检合格的前提下，由建设单位、监理单位验收通过后，方可进入下道工序的施工。

5）工程质量检验评定实行"两检一评"制，即项目部、公司检验，公司质量管理处作出最后质量等级的评定，其资料作为企业自检和对的外质量评定的证据。

（3）材料质量保证措施

1）采购质量控制

①除甲方供材料设备外，所有材料的采购应严格执行公司"采购控制"程序文件的规定。

②材料采购前，应对分供方进行评价。由项目经理、项目技术负责人会同材料人员（必要时邀请建设单位或监理单位派员参加），对分供方的能力进行评价，由此确定合格的

分供方,并将分供方名录上报公司。

③已确定的合格分供方,在采购中任何人不得随意更换厂家,采购的材料必须是一级品及以上等级;必须有产品合格证和质量保证书,且经过监理及甲方的认可后才能使用。

④编制材料采购计划时,按设计要求,必须明确材料及设备的名称、规格、型号、材质、数量、技术要求等,并由工程技术人员复核,项目经理批准。

2) 进货检验和试验

①材料进库前,材料专职检验人员和仓库保管人员共同验证,材料的名称、规格、型号、数量及验收单是否相符,并进行外观检验,检查是否有出厂合格证和质量保证书等。以上检验通过后,填写"材料入库记录"。

②需要试验的材料,按规定进行批量抽验,如阀门等。

③属于甲方供材料设备,我方在现场会同建设方人员进行认真的质量检查,确认合格后方可签收代保管;若检查验收不合格或有缺陷,应及时通知甲方或监理人员,请求解决。

④设备的验收,应对其外观、包装情况、附件以及设备随机技术文件和合格证等进行验收,确认无问题后,填写"设备入库记录"。

3) 搬运和储存

①材料设备的存放,应分类标志,并采取相应的防雨、防潮、防晒措施,对设备存放要注意支点和吊点的位置,以便搬运。

②电气器材等防潮物料应选择晴天进行搬运,如遇雨天应加盖雨棚。

③运输人员应按照技术人员的要求对设备进行吊运和装卸。

④对特殊设备及材料的运输,应先深入现场,搞清道路情况及装卸环境,必要时可会同现场技术人员编制运输和吊装方案。

(4) 工程半成品、成品保证措施

1) 各专业进入主体安装阶段时,不得随意在楼板墙体上打洞,以免破坏土建的结构或增加土建的工作量,每道工序完工后做到工完场清,符合文明施工的要求。

2) 钢管敷设中,应及时安装支吊架,避免在施工中损坏管道。

3) 管道、阀门等刷面漆时,不得涂抹在非漆面上,避免互相污染。

4) 工程竣工交付之前,由现场专职保卫人员作好产品保护,以免损坏或丢失。

(5) 其他质量保证措施

1) 加强质量教育工作,要求所有施工人员树立"质量第一"的观念。

2) 在施工全过程中,要严格按图纸、工艺、GB 50243—2002 及验收规范要求及设计中所提出的有关规范要求进行施工。

3) 严格控制计量器具的定期鉴定,确保计量数据的准确性。

4) 确保施工机械的加工精度、定期检查、保养和维护。

5) 在施工中如有设计变更、材料代用、规格变更,一定要有甲方或设计院的变更手续,并要及时办理各种技术核定单和签证。

2.1.2.9 安全技术措施

(1) 施工员及班长在施工前的技术交底中应包括确切的安全技术措施。

(2) 在安装高空部件和管道时,所有工具应放入工具袋内。

(3) 吊运管道、配件或材料时应与电线有一定的安全距离。

(4) 在管道安装前应先检查脚手架、扶梯等支撑物的安全性和可靠性。

(5) 所有用电设备均要接地、接零和漏电保护器。

(6) 使用的行灯电压要小于24V。

(7) 严禁乱拉乱接电线。

(8) 所有的施工机械不得带病运转和超负荷作业。

(9) 要高空安装管道时，严禁穿高跟、硬底和带钉易滑的鞋。

(10) 乙炔瓶与氧气瓶不得同放在一起，距易燃易爆物品和明火距离不得小于10m。

(11) 制定防火措施，建立动火审批制度，设专人看或值班。

(12) 加强产品保护工作。

2.1.2.10 系统运行工况

1. 冰蓄冷系统

(1) 冰蓄冷系统工况

冰蓄冷系统包括制冰、制冰兼供冷、融冰供冷、主机供冷和联合供冷五种工况，此外还有基载主机供冷。

1) 单制冰（基载主机供冷）：制冷主机工作向蓄冰槽提供冷量，以冰的形式储存在蓄冰槽内。

2) 制冰兼供冷：制冷主机工作向蓄冰槽提供冷量，以冰的形式储存在蓄冰槽内，同时又向末端提供冷量。

3) 融冰供冷：蓄冰槽通过板换向末端提供冷量。

4) 主机供冷：制冷主机工作通过板换向末端提供冷量。

5) 联合供冷：制冷主机和蓄冰槽同时工作通过板换向末端提供冷量。

6) 基载主机供冷：基载制冷主机工作直接向末端提供冷量。

(2) 各负荷工况运行图

1) 100%设计日负荷下运行策略图（详见图2-11）

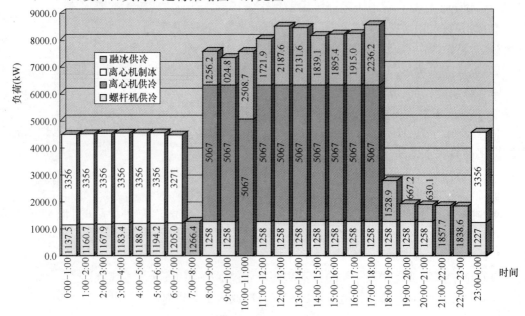

图2-11 100%设计日负荷下蓄冰系统运行图

2) 70%设计日负下荷运行策略图（详见图2-12）

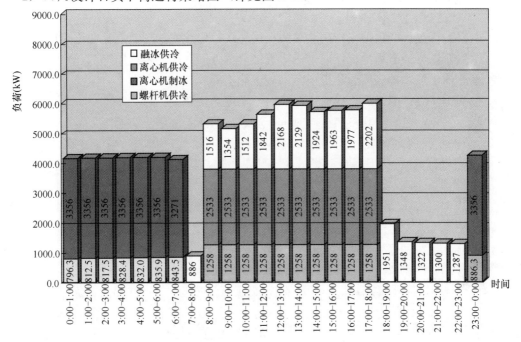

图2-12　70%设计日负荷下蓄冰系统运行图

3) 40%设计日负荷下运行策略图（详见图2-13）

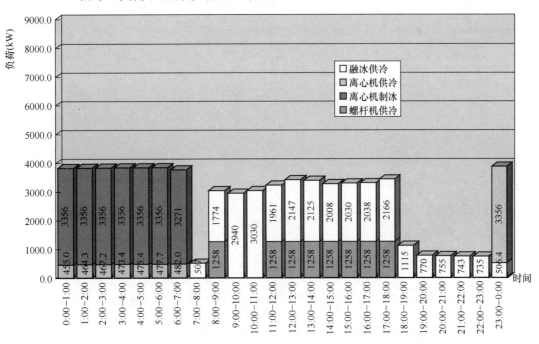

图2-13　40%设计日负荷下蓄冰系统运行图

2. 水蓄热系统

（1）水蓄热系统工况

水蓄热系统包括电锅炉蓄热、蓄热兼供热、蓄热槽供热、电锅炉供热和联合供热五种工况。

1）电锅炉蓄热：电锅炉工作向蓄热槽提供热量，以热水的形式储存在蓄热槽内。
2）蓄热兼供热：电锅炉工作向蓄热槽提供热量，同时通过板换向末端送热空调。
3）蓄热槽供热：蓄热槽通过板换向末端送热空调。
4）电锅炉供热：电锅炉工作通过板换向末端送热空调。
5）联合供热：电锅炉和蓄热槽同时工作通过板换向末端送热空调。

（2）各负荷工况运行图

1）100％设计日负荷下运行策略图（详见图2-14）

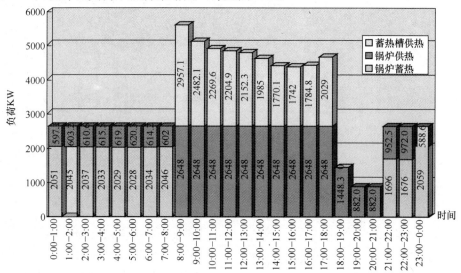

图2-14　100％设计日负荷下运行策略图

2）70％设计日负荷下运行策略图（详见图2-15）

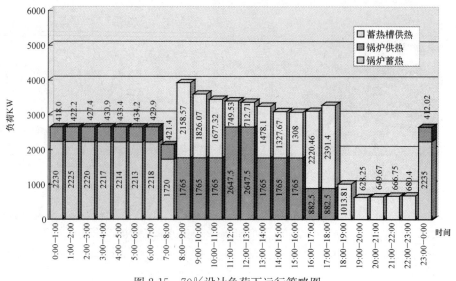

图2-15　70％设计负荷下运行策略图

3) 40％设计日负荷下运行策略图（详见图2-16）

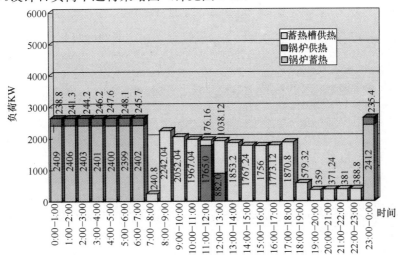

图2-16　40％设计负荷下运行策略图

2.1.3　与冰蓄冷相结合的低温送风系统

2.1.3.1　应用概况

本工程采用了大温差低温送风变风量空调系统，其送风温度最低达7.5℃。工艺设备用房均采用常规最大温差变风量空调系统。所有空调系统冷冻水供回水温度为3.5/13.5℃，热水供回水温度为55/45℃。

2.1.3.2　冰蓄冷与低温送风空调的结合形式

冰蓄冷就是将水制成冰，利用冰的相变潜热进行冷量的储存。由于冰蓄冷除可以利用一定温差的水的显热外，主要利用的是335kJ/kg的相变潜热。冰蓄冷系统的制冰形式有2种：以蒸发器直接用作制冰元件的直接蒸发式和先以蒸发器冷却载冷剂，载冷剂（盐水、乙二醇水溶液等）再冷却制冰的间接冷媒式。

冰蓄冷空调系统在流程设计时，依具体情况可将制冷主机和蓄冰装置进行串联或并联工作，以实现蓄冰、制冷机供冷、蓄冰槽供冷、制冷机与蓄冰槽同时供冷等几种不同的运行工况，与空调系统优化匹配，进行节能运行调节。

低温送风空调系统按送风温度的高低通常可分为3类：1）送风温度为4～6℃的超低温送风。2）送风温度为6～8℃的低温送风。3）送风温度为9～12℃的低温送风。实践表明，温度为6～8℃的低温送风与冰蓄冷技术相结合可获得较好的空调效果及较好的经济效益，是各空调送风方式中最优的选择。

图2-17为冰蓄冷冷源与低温送风空调系统的几种结合形式，图2-17(a)中末端为低温送风散流器，低温冷源采用冰蓄冷系统或部分冰蓄冷系统，以低温制冷机为辅助冷源，所用冷源均是一次冷源。图2-17(b)中空调系统为串联式混合箱（也可用低温送风散流器）。冰蓄冷冷源供冷时，融冰水（一次冷源）供低温盘管，部分冰水与回水混合（二次冷源）后供高温盘管。白天以常规空调工况运行，夜晚用盘管制冰。也可采用双工况制冷机组，或采用两个冷源，即一个低温冷源，一个常规冷源。图2-17(c)中，空调系统末端送

风装置为诱导式风机盘管机组,在保证新风要求的前提下,一次风可以采用适当比例的新、回风混合;冰蓄冷冷源供冷时,融冰水作为一次冷源供空调箱中的低温盘管,部分冰水与回水混合后的二次冷源供室内诱导器,以充分利用冷源的冷量。

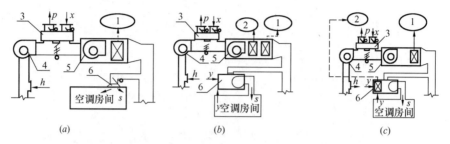

图 2-17 冰蓄冷冷源与低温送风空调系统的几种结合形式
(a)—一次冷源+低温送风散流器;(b)—一次冷源+二次冷源+串联式混合箱;
(c)—一次冷源+二次冷源+诱导式风机盘管图
1——次冷源;2—二次冷源;3—热回收装置;4—回风机;5——次风处理装置;6—末端送风装置;
s—空调房间送风;y—末端送风装置诱导的空调房间的空气;h—回风;
p—排向室外的空气;x—室外新风

在常规空调中,送风温差一般控制在 8~10℃,送风温度在 15~18℃之间,如果系统有再热则盘管出风温度为 12℃左右,而冰蓄冷盘管出风温度可降至 6~8℃,送风温差可达 20℃左右。上述运行方式中,送到空调器的大都是 0~4℃的低温水,只要充分利用低温水的优势,便可弥补因设置冰蓄冷而增加的初始投资,进而提高整个空调系统的 COP 值。

所以推广低温送风系统是发展冰蓄冷空调的关键,而冰蓄冷又促进了低温送风系统的发展。

2.1.3.3 冰蓄冷低温送风空调系统的经济分析

冰蓄冷低温送风空调系统的经济性具体体现在以下几个方面。

1. 节省运行费

冰蓄冷冷源供冷可以削峰填谷,减少高峰期用电量。在分时电价地区,节省运行费。若峰谷价差是 2 倍的话,运行费可省 50%~70%。同时冰蓄冷低温送风系统由于制冷压缩机、水泵、冷却塔及风机等的耗电量均减少(风机功率减少 30%~40%),空调运行费用会有较大程度的降低。冰蓄冷配合低温送风,可降低系统运行能耗及电力需求,提高整个系统的 COP 值,创造显著的经济效益。特别适用于办公室、写字楼、体育馆、影剧院、商业中心、文化馆场、健身康乐城、国防科研、教学试验楼等冷负荷要求变化大的场所。

2. 节省基建初投资

由于低温送风系统的送风量减少,空气处理机、风机、冷冻水泵和水管管径尺寸随之减小,虽然低温送风要增加冷却盘管、末端装置和管道保温的投资,但总的投资与常规空调相比还是节省。当送风温度从 13℃降至 7℃,风管尺寸减少 30%~36%,空气处理机尺寸减少 20%~30%;在送风和配水系统上的投资可减少 9.6%~14.6%。同时,因低温送风风管比常规风管小,所需安装风管的房间顶部空间高度至少可以减小 85~180mm,建筑工程造价相应可减少 3.76%~13.6%。另外,由于用电的"移峰填谷",减少了高峰电力需求,相应减少了输配电设备的容量,从而可减少输配电设备的投资和增容费。因此，冰蓄冷结合低温送风系统在初始投资上可以和无蓄冷的常规送风系统相竞争。几种空调系统投资比较见表2-2。

几种空调系统投资比较　　　　表2-2

空调系统形式	空调系统相对投资系数
非蓄冰常规送风系统	1.0
部分蓄冰与常规送风系统	1.18～1.26
部分蓄冰与低温送风系统	0.73～0.86

3. 较低的相对湿度可进一步实现降耗节能

低温送风带来室内较低的相对湿度。在相对湿度为35.6%～45.6%的情况下，干球温度可比一般室内舒适性温度设定点提高1～2℃，而居住者同样会感觉舒适。这种效果可使制冷耗能量减少5.6%～10.6%。

2.1.3.4　结论

（1）冰蓄冷与低温送风空调的结合形式有3种：一次冷源+低温送风散流器，一次冷源+二次冷源+串联式混合箱及一次冷源+二次冷源+诱导式风机盘管。推广低温送风系统是发展冰蓄冷空调的关键，而冰蓄冷又促进了低温送风系统的发展。

（2）低温送风空调系统运行时与常规空调系统不同：第一，低温送风可提高空调房间的舒适度；第二，低温送风系统应加强保温措施，避免运行时结露；第三，低温送风因其送风量减少，可减低系统风机的能耗；第四，低温送风系统应设置DDC控制系统，以充分发挥低温送风的节能效益。

（3）低温送风空调系统由于初始投资省，只是常规空调造价的73%～86%，使一次投资具有能与常规系统相比的竞争力。冰蓄冷冷源供冷的削峰填谷使空调运行费用有较大程度的降低。

（4）冰蓄冷低温送风系统是一个有特色的节能系统，是常规空调系统的重大变革。实践表明，温度为6～8℃的低温送风与冰蓄冷技术相结合可提高整个系统的COP值，获得较好的空调效果及较好的经济效益，是各空调送风方式中最优的选择。随着经济建设的发展，冰蓄冷低温送风系统具有广阔的推广应用前景，是21世纪中央空调的发展方向之一。

2.1.4　适于低温送风的变风量（VAV）控制技术

2.1.4.1　应用概况

本工程变风量末端采用节流型风机串联（带二次回风）型风机盒与单风管风阀型末端。空调箱新风采用压差控制法。

变风量空调系统（VAV系统）是利用改变进入空调区域的送风量来适应区域内负荷变化的一种空调系统。在运行时，楼层区域内变风量控制器每5分钟采集一次受控区域的负荷需求量，然后进行系统汇总，计算出系统总需求量后输出信号，以控制空调机组的频率输出，从而控制和调节楼层区域空调输出的总冷（热）量。房间负荷的计算是通过安装在房间内的温控面板来实现的。温控面板内置有一个温度传感器，系统通过对设定温度与面板实测温度的对比来计算房间的需求冷（热）量，从而控制和调节房间风阀的开度，直到房间接近或达到设定温度。常规VAV风量控制示意图详见图2-18。

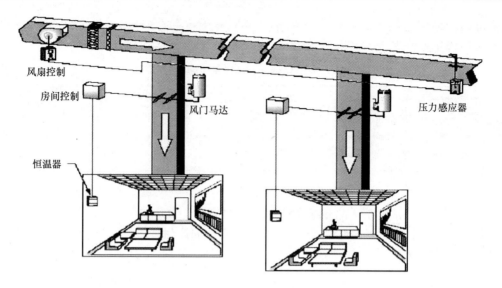

图 2-18 常规 VAV 风量控制示意图

本大楼每个楼层办公区域分为南区、中区、北区三套空调系统,每套系统包括空调机箱和该空调机箱所在区域的所有房间变风量空调末端。每套系统在运行时相对独立,可以根据要求单独进行设置和调整。

2.1.4.2 系统特点

在使用过程中,变风量空调有以下优点:

(1) 与其他空调系统相比,变风量系统最大的优点在于节能。系统计算房间内需求的负荷量控制空调箱的风量输出,减少了不必要的浪费。

(2) 灵活性。空调系统可以根据不同房间的使用要求来独立控制同一空调系统中的各房间的温度。BA 中心可针对每个房间内具体的负荷要求进行单独设置、调节房间内的温度,实现各局部区域的独立控制,避免在局部产生过冷或过热现象,实现人体对于环境的舒适要求。

(3) 舒适性。1) 新风作冷源。在过渡季可大量新风作为天然冷源,相对于风机盘管系统,能大幅度减少制冷机的能耗,而且可改善室内空气质量。2) 本大楼采用高诱导比风口,室内温度场均匀、气流场柔和。3) 本大楼空调系统有集中除湿加湿功能,房间内的湿度会保持在人员感觉最佳的范围之内。

(4) 降低设备噪声。采用风机盘管,因风机布置在办公室内,很难消除其在运行时产生的机械噪声。而 VAV 系统对空调机组本身的噪声要求就不是如此严格,因为机械噪声已隔离在空调机房内,另可通过在风道上以及 VAV 末端和风口上设置消声设备来达到使用要求,同时,卫生条件也有较大的提高。

(5) 变风量空调系统属于全空气系统,与风机盘管系统相比有明显的好处是冷冻水管与冷凝水管不进入建筑吊顶空间,因而免除了盘管凝水和霉变问题。

2.1.4.3 系统组成

变风量空调系统主要由空气处理机(即空调箱)、消音器、送回风机、压力无关型单风道变风量末端(VAV box)、DDC 数字控制器等组成。

控制部分纳入整个大楼的楼宇自控系统(BA),所有系统均采用直接数字式控制

（DDC），在管理控制室能对各台空调机组运行状态、室内温度、新风比、送风温度等进行现场调控，并对空气过滤器堵塞状态进行监视。新风量通过新、排风阀及回风阀联动控制来获取，可以人为设定或自动调节，即由设在回风总管内的 CO_2 探测器来自动控制新风量，CO_2 允许浓度设定值为 0.1%。送、回风机通过程序进行协调运行，监控室可以人为设置定风量运行，也可以确定为变频变风量自动运行。当达到最小送风量时，为了满足室内必需的通风量，可以调高送风温度，加大送风量，送风温度由设在冷冻水回水管上的电动二通阀来控制。当室外温度较低时，可采用全新风运行。所有空调箱控制器、变风量末端控制器均与大楼 BA 系统联网，受监控室 BA 主系统设定、监视、控制。

变风量空调箱设初、中效两级过滤，初效过滤器采用板式，过滤效率按计重法为 30%，中效过滤器为无纺布袋式，过滤效率按计重法为 70%，并且配备过滤器阻力超高报警。

室内温度由变风量末端装置（VAV box）控制，温度控制器安装在墙上，位置由设计确定（此处室温应有一定的代表性），安装高度与开关平齐，距离地 1.2m。控制器能够设定室温、就地启停 VAV 箱。VAV box 采用矩形、圆形两种形式，标准风量在 340～5440m^3/h 之间，一种型号的最大风量是最小风量的 5～6 倍。风量由多孔平均式风速传感器来测量，并且放大风量信号以便更精确控制。

送风系统设置三级消音，空调箱带消音段，送风总管设消音器，变风量箱出口设消音静压箱。送风口大多数采用条缝散流器，个别采用方形散流器，为了解适应吊顶造型，也采用了一些条形侧送风口。回风口为条形或格栅式风口，均采用吊顶回风，这样能保证房间正常压力，减小回风管内压力的变化对室内压力的影响。

2.1.4.4 节能分析

图 2-19 为变频（变转数）定静压控制风机运行状态性能曲线。A、B 曲线为管路性能曲线，当空调负荷减小，所需风量下降，由 Q_1 降为 Q_2，风机通过静压传感器设定的静压值发出信号调整风机转数，由 n_1 降为 n_2，风机轴功率由 N_1 减为 N_2。图中 H 为风机全压，由于风量减少，风机出口风速下降，动压变少，所以 $H_2 < H_1$，但应满足静压传感器的设定静压。假如风机全年平均在 60% 的负荷下运行，风机功率可节约 44%。本工程变频送、回风机所配电机功率为 521kW（风机轴功率约为 417kW），若一年运行 100 天，一天按 8 小时计，每年将节约用电 14 万度。如果采用变静压控制法，全年平均空调负荷率为 60% 时，可节约风机动力 78%。

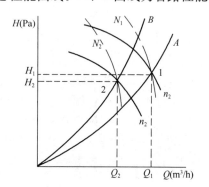

图 2-19 风机变频调速性能曲线

2.1.5 建筑设备监控系统

2.1.5.1 应用概况

建筑设备监控系统是对建筑物内各类机电设备的运行、安全状况、能源使用和管理等实行自动监测、控制与管理的自动化系统，简称 BAS 或 BA 系统。建筑设备监控系统主要对大厦内的各种机电设施进行全面的计算机监控管理，如暖通空调系统、给排水系统、火灾自动报警与消防联动控制设备、公共安全防范设备系统、变配电系统、照明系统、电梯等。通过对各个子系统进行监视、控制、信息记录，实现分散节能控制和集中科学管理，为建筑物用户提供安全、健康和舒适的工作环境，为建筑物的管理者提供方便的管理手段，从而减少建筑设备的能耗，延长设备寿命并降低管理成本。

随着控制技术的发展，系统控制的方式是由过去的中央集中监控，转而由高处理能力的现场控制器所取代的集散型控制系统，通过现场数字直接控制器DDC实现可编程控制，大大丰富了控制功能，能满足用户各种特殊的要求。同时，它又利用现场总线通讯技术，将DDC连成系统集中管理，提供报表和应变处理，提高了系统的可靠性，减少了管理的工作量。现场总线技术的开放性协议便于实现不同厂家的互操作，可以方便的和第三方设备通讯和纳入建筑设备监控系统中，从而大大简化了系统结构，降低系统的成本。

浙江电力生产调度大楼的建筑设备监控系统对以下机电设备进行监控：冷热源系统、空调系统、送排风系统、给排水系统、公共照明系统、变配电系统、电梯系统。建筑设备监控系统将对大楼内各种机电设备进行全面的计算机监控管理，从而为浙江电力生产调度大楼提供一个机电设备管理的智能平台，向人们提供一个安全、高效、舒适、便利的建筑环境。

众多机电设备在浙江电力生产调度大楼的分布概况如下：
（1）地下三层为蓄热罐、热交换器、各种水泵、各种风机、车库照明等设备；
（2）地下二层为潜水泵、UPS主机和蓄电池、各种风机、车库照明等设备；
（3）地下一层为高低压变电、蓄冰设备、BA分站、空调机组和VAV末端、风机等设备；
（4）空调机组和送排风设备分别设置在各楼层的空调机房等设备间；
（5）屋顶层为电梯机房和冷却塔

大楼的空调系统采用冰蓄冷电蓄热、变风量空调加变风量末端（VAV）系统，共有空调机组60台，其中变频空调机组58台，1台新风机组，1台定风量空调机组，变风量末端（VAV）586套。空调系统是建筑设备监控系统重要的子系统，也是对浙江电力生产调度大楼BA系统设计的重点。

浙江电力生产调度大楼的建筑设备监控系统首先要保证整个大楼内部工作人员工作环境的舒适，其二要确保建筑设备与人员的安全，其三要提供最佳的能源管理方式节省能源，其四是采集数据支持物业管理的现代化，提高工作效率。所以本系统的设计应该充分体现这些方面的功能需要。

1. 节能

作为现代化的建筑来说，电力的消耗是非常惊人的。建筑设备监控系统通过计算机控制程序对全楼的设备进行监视和控制，统一调配所有设备用电量，可以实现用电负荷的最优控制，有效节省电能，减少不必要的浪费。变风量系统充分利用风量调节可以最大限度地满足节能要求。

2. 节省人力

由于建筑设备监控系统采用计算机集中控制，在投入使用后可以大量减少运行操作人员和设备维护维修人员，并能及时处理设备出现的问题。在没有建筑设备监控系统的建筑物中，设备的开关、维护及保养都需要人去操作，这样不可避免地要求建筑配置庞大的人员队伍，采用了建筑设备监控系统之后，上述工作均由此系统根据预先设计好的程序自动完成，大批的人力将被减少下来，首先节约了管理上的开支，同时也减少了由于管理众多人员所引起的一系列问题。

根据我们的经验，在建筑内配置建筑设备监控系统之后，在今后可以减少2/3的设备运行、维护人员。

3. 延长设备的使用寿命

在建筑内配置建筑设备监控系统之后，设备的运行状态始终处于系统的监视之下，系统可提供设备运行的完整记录，同时可以定期打印出维护、保养的通知单，这样可以保证维护人员不超前、不误时地进行设备保养，因此可以使设备的运行寿命加长，也就是降低了建筑的运行费用。

4. 保证建筑及人身安全

先进的建筑设备监控系统可以将保安管理、停车管理融入同一系统中，还可方便地与消防报警系统联网，因此可极大地提高建筑的管理水平，减少部门之间的协调，对大厦本身的安全和人员生命的安全是非常重要的。

2.1.5.2 方案设计

1. 设计说明

建筑设备监控系统是多学科的交叉领域，涉及几乎所有建筑设计的各专业。系统能否顺利开通投入运行，系统的正确设计是建成完善的建筑设备监控系统必要条件，其设计的核心是对服务于设备或各个子系统的控制器输入/输出（I/O）点数和点的类型的确定及其接口的技术处理，以达到所控机电设备的工艺和控制要求。

空调系统是整个建筑设备监控系统中主要的子系统，对变风量空调机组及其VAV末端的控制是设计的重点和难点，其完成的好坏直接关系到整个系统的成败。

本工程空调系统具有以下特点：

（1）空调系统是变风量空调机组加变风量末端的空调系统；
（2）空调种类多，有二管制和四管制；
（3）空调系统设置送风机和排风机并采用变频技术；
（4）采用焓值控制新风阀和回风阀的开度，通过调节热水和冷水阀控制保证送风温度满足末端的要求；
（5）设置加湿阀和机器露点温度满足环境湿度要求；
（6）控制系统根据室内外的焓值选择运行模式；
（7）在冬季和夏季新风采用定风量控制模式，以保证各楼层最小新风量的要求；
（8）在春季和秋季过渡季节则使新风阀保持全开状态，使系统运行在全新风状态，以提高空气质量并节能；
（9）设置在各区域的压差传感器来控制变频排风机，保证室内为正压又有新风正常送入；
（10）杭州地区的气候条件四季分明，存在高温高湿的黄梅季节。

基于上述特点，为了确保大楼空调系统的开通，必须首先把好设计关，对此我们采取以下保障措施：

（1）空调控制系统必须根据四季工况实现最优控制；

(2) 利用自然气候资源,降低空调的能耗;

(3) 采用先进的控制技术确保变风量空调系统的稳定运行;

(4) 应根据所采用的变风量控制技术特点,选用合理的网络结构,确保VAV末端控制器参数的计算正确性;

(5) 应采用送风温度与送风量自适应控制技术,确保大楼的舒适性。

其他子系统设计思路:

(1) 冷热源系统、变配电系统、电梯系统自成系统,由设备厂家独立完成,并提供与建筑设备监控系统的接口,纳入到建筑设备监控系统中,并可以通过BMS管理;

(2) 给排水系统中生活水泵采用自成系统的变频水泵,对水泵只做监视;热水系统可以实现程序启停和轮换使用功能,并能够监测其状态;冷却补水泵采用变频水泵,只做监视;直接饮水变频供水泵只做监视,对回水泵可以实现启停控制和状态监视;潜水泵可以实现按液位启停控制和超高液位报警,对两台水泵的可以实现互为备用和程序切换;热水器可以控制启停和实现轮换控制;对生活水池、消防水池、屋顶水箱实现液位测量;

(3) 送排风系统是针对普通通风机和排风机的控制,可以实现远程控制和状态监测等功能;

(4) 公共照明系统主要针对汽车车库、自行车车库、走廊的照明控制,实现程序启停控制和状态监测。

通过对浙江大学建筑设计院关于BA系统的设计图纸分析,浙江电力生产调度大楼BA系统共有点位2803个(不包括VAV末端的控制点位),其中655个AI点,1308个DI点,399个AO点,441个DO点,建筑设备监控系统的控制设备(DDC)的配置在满足当前设备的控制需求外,DDC控制器的点位有10%以上的裕量,以方便系统进行适当的扩充。

针对各个子系统的点位分析略。

2. 点位设置

(1) 空调系统的监控

1) 变频空调机组(带变风量末端)及其排风机

① 点位设计(表2-3)

点 位 设 计　　　　　　　　　　　　　　表2-3

监控设备	数量	监控内容
变风量空调机组 (带变风量末端) 及其排风机	43	主回路启/停控制、变频启/停控制、新/回风风门控制、变频转速控制、冷/热水阀控制、加湿阀控制、初/中效过滤网报警、风机压差状态、手自动状态、主回路状态、变频器状态、变频器故障报警、新风温湿度、回风温湿度、变频器转速反馈、机器露点温度、送风温湿度、送风压力、室内压差

② 监控功能和控制原理

a. 根据焓值控制新风阀和回风阀的开度。

Ⅰ. 制冷模式:根据新、回风焓值来控制新回风比例:当新风焓值≥回风焓值时,则减少新风阀到最小新风阀位,打开回风阀至最大阀位,以节约能量。当新风焓值<回风焓值时,打开新风阀到最大阀位,关闭回风阀,运行在全新风状态,以提高空气质量并

节能。

Ⅱ．制热模式：根据新、回风焓值来控制新回风比例：当新风焓值≥回风焓值时，运行在过渡季节模式，空调机只作通风机使用。当新风焓值＜回风焓值时，打开新风阀到最大阀位，关闭回风阀，运行在全新风状态，混合风经热水盘管加热后直接送出。当新风焓值小到与送风点等湿线的交点时，开始变新风运行，打开回风阀，其混合的原则是使混风的点处在送风点等湿线上，混合风经热水盘管加热后直接送出。当室外新风焓值不断变小，相应的新风阀位不断变小，当到达最小新风阀位以后，将不在继续减小新风阀位，使系统运行在最小新风的工况，混风经热水盘管加热后，再进行等焓加湿到送风点。

b. 新风阀与送风机联动：当启动时，先打开新风阀，再启动风机；当停机时，先停止送风机，再关闭新风阀。

c. 当过滤网阻塞时，初效、中效过滤网的压差传感器给出过滤网淤塞报警信号。

d. 根据送风管中的温度来调节表冷段/加热段电动调节阀的开度，使实测温度达到设定温度值。

e. 根据送风管中的湿度来调节加湿电动调节阀的开度，使实测湿度达到设定湿度值。

f. 送风机的频率控制：根据多个变风量区域的温度来控制各区域VAV末端的阀位，由该阀位及风速传感的反馈信号，计算所需风量后再进行送风机频率的控制，但要保证最小送风量的要求（程序设定最小运行频率）。当在最小送风量运行时，所需温度还在继续偏离设定值时，则需调节表冷段/加热段电动调节阀的开度，使实测温度达到设定温度值。若此时末端负荷加大，则首先调节水阀，慢慢至最大阀位，若还不能满足负荷要求，则再根据所需风量进行风机的频率控制。

g. 在空气非常潮湿，如在黄梅季节，当出风口的湿度传感器感应送风湿度过高，超过设定值，则需要进行除湿处理。首先根据设定的空气送风湿度和温度，计算其露点温度。然后将表冷段的冷水阀打开，使风在通过表冷段后温度下降到所计算的露点，从而除去空气中多余的水蒸汽含量，然后再调节热水盘管水阀开度，使温度达到所需的温度。

h. 空调机组相对应的变频排风机的控制：根据各区域吊顶内的压差传感器检测的室内外空气压力差，当其差值超过空调设计设定的压差值时，开启排风机。其频率的控制根据允许的最大压差为条件来进行控制，能保证室内为正压且又能使新风能正常送入。

i. 送风机两端的压差传感器检测风机是否正常运行。

j. 风机的远方启停控制及运行监视。

2）单冷变频空调机组（带变风量末端）

① 点位设计（表2-4）

点 位 设 计　　　　　　　　　　　　　　　　　　　表2-4

监控设备	数量	监控内容
单冷变频空调机组（带变风量末端）	5	主回路启/停控制、变频启/停控制、新/回风风门控制、变频转速控制、冷水阀控制、加湿阀控制、初/中效过滤网报警、风机压差状态、手自动状态、主回路状态、变频器状态、变频器故障报警、新风温湿度、回风温湿度、变频器转速反馈、机器露点温度、送风温湿度、送风压力

② 监控功能和控制原理

a. 根据新、回风焓值来控制新回风比例：当新风焓值≥回风焓值时，则减少新风阀到最小新风阀位，打开回风阀至最大阀位，以节约能量。当新风焓值＜回风焓值时，打开新风阀到最大阀位，关闭回风阀，运行在全新风状态，混合风经表冷段降温到送风点后直接送出。当新风焓值小到与送风点等焓线的交点时，开始变风量运行，打开回风阀，其混合的原则是使混风的点处在送风点等焓线的交点上，混合风经等焓加湿后直接送出。当室外新风焓值不断变小，相应的新风阀位不断变小，当到达最小新风阀位以后，将不再继续减小新风阀位，使系统运行在最小新风的工况，混合风经等焓加湿后，再进行送风。

b. 新风阀与送风机联动：当启动时，先打开新风阀，再启动风机；当停机时，先停止送风机，再关闭新风阀。

c. 当过滤网阻塞时，初效、中效过滤网的压差传感器给出过滤网淤塞报警信号。

d. 根据送风管中的温度来调节表冷段/加热段电动调节阀的开度，使实测温度达到设定温度值。

e. 根据送风管中的湿度来调节加湿电动调节阀的开度，使实测湿度达到设定湿度值。

f. 送风机的频率控制：根据多个变风量区域的温度来控制各区域VAV末端的阀位，由该阀位及风速传感的反馈信号，计算所需风量后再进行送风机频率的控制，但要保证最小送风量的要求（程序设定最小运行频率）。当在最小送风量运行时，所需温度还在继续偏离设定值时，则需调节表冷段电动调节阀的开度，使实测温度达到设定温度值。若此时末端负荷加大，则首先调节水阀，慢慢至最大阀位，若还不能满足负荷要求，则再根据所需风量进行风机的频率控制。

g. 送风机两端的压差传感器检测风机是否正常运行。

h. 风机的远方启停控制及运行监视。

3）变频空调机组（带变风量末端）

① 点位设计（表2-5）

点 位 设 计　　　　　　　　表2-5

监控设备	数量	监控内容
变风量空调机组	3	主回路启/停控制、变频启/停控制、新/回风风门控制、变频转速控制、冷/热水阀控制、加湿阀控制、初/中效过滤网报警、风机压差状态、手自动状态、主回路状态、变频器状态、变频器故障报警、新风温湿度、回风温湿度、变频器转速反馈、机器露点温度、送风温湿度、送风压力

② 监控功能和控制原理

a. 根据焓值控制新风阀和回风阀的开度

Ⅰ. 制冷模式：根据新、回风焓值来控制新回风比例：当新风焓值≥回风焓值时，则减少新风阀到最小新风阀位，打开回风阀至最大阀位，以节约能量。当新风焓值＜回风焓值时，打开新风阀到最大阀位，关闭回风阀，运行在全新风状态，以提高空气质量并节能。

Ⅱ. 制热模式：根据新、回风焓值来控制新回风比例：当新风焓值≥回风焓值时，运行在过渡季节模式，空调机只作通风机使用。当新风焓值＜回风焓值时，打开新风阀到最大阀位,关闭回风阀,运行在全新风状态,混合风经热水盘管加热后直接送出。当新风焓值小到与送风点等湿线的交点时,开始变新风运行,打开回风阀,其混合的原则是使混风的点处在送风点等湿线上,混合风经热水盘管加热后直接送出。当室外新风焓值不断变小,相应的新风阀位不断变小,当到达最小新风阀位以后,将不在继续减小新风阀位,使系统运行在最小新风的工况,混风经热水盘管加热后,再进行等焓加湿到送风点。

b. 新风阀与送风机联动:当启动时,先打开新风阀,再启动风机;当停机时,先停止送风机,再关闭新风阀。

c. 当过滤网阻塞时,初效、中效过滤网的压差传感器给出过滤网淤塞报警信号。

d. 根据送风管中的温度来调节表冷段/加热段电动调节阀的开度,使实测温度达到设定温度值。

e. 根据送风管中的湿度来调节加湿电动调节阀的开度,使实测湿度达到设定湿度值。

f. 送风机的频率控制:根据多个变风量区域的温度来控制各区域VAV末端的阀位,由该阀位及风速传感的反馈信号,计算所需风量后再进行送风机频率的控制,但要保证最小送风量的要求(程序设定最小运行频率)。当在最小送风量运行时,所需温度还在继续偏离设定值时,则需调节表冷段/加热段电动调节阀的开度,使实测温度达到设定温度值。若此时末端负荷加大,则首先调节水阀,慢慢至最大阀位,若还不能满足负荷要求,则再根据所需风量进行风机的频率控制。

g. 在空气非常潮湿,如在黄梅季节,当出风口的湿度传感器感应送风湿度过高,超过设定值,则需要进行除湿处理。首先根据设定的空气送风湿度和温度,计算其露点温度。然后将表冷段的冷水阀打开,使风在通过表冷段后温度下降到所计算的露点,从而除去空气中多余的水蒸汽含量,然后再调节热水盘管水阀开度,使温度达到所需的温度。

h. 送风机两端的压差传感器检测风机是否正常运行。

i. 风机的远方启停控制及运行监视。

4) 温控变频空调机组(无排风机)

① 点位设计(表2-6)

点 位 设 计　　　　　　　表2-6

监控设备	数量	监控内容
温控变频空调机组(无排风机)	1	主回路启/停控制、变频启/停控制、新/回风风门控制、变频转速控制、冷/热水阀控制、加湿阀控制、初/中效过滤网报警、风机压差状态、手自动状态、主回路状态、变频器状态、变频器故障报警、新风温湿度、回风温湿度、变频器转速反馈、机器露点温度、送风温湿度、送风压力

② 监控功能和控制原理

a. 根据焓值控制新风阀和回风阀的开度

Ⅰ. 制冷模式:根据新、回风焓值来控制新回风比例:当新风焓值≥回风焓值时,则减少新风阀到最小新风阀位,打开回风阀至最大阀位,以节约能量。当新风焓值<回风焓值时,打开新风阀到最大阀位,关闭回风阀,运行在全新风状态,以提高空气质量并节能。

Ⅱ. 制热模式:根据新、回风焓值来控制新回风比例:当新风焓值≥回风焓值时,运行在过渡季节模式，空调机只作通风机使用。当新风焓值＜回风焓值时，打开新风阀到最大阀位，关闭回风阀，运行在全新风状态，混合风经热水盘管加热后直接送出。当新风焓值小到与送风点等湿线的交点时，开始变新风运行，打开回风阀，其混合的原则是使混风的点处在送风点等湿线上，混合风经热水盘管加热后直接送出。当室外新风焓值不断变小，相应的新风阀位不断变小，当到达最小新风阀位以后，将不在继续减小新风阀位，使系统运行在最小新风的工况，混风经热水盘管加热后，再进行等焓加湿到送风点。

b. 新风阀与送风机联动：当启动时，先打开新风阀，再启动风机；当停机时，先停止送风机，再关闭新风阀。

c. 当过滤网阻塞时，初效、中效过滤网的压差传感器给出过滤网淤塞报警信号。

d. 根据送风管中的温度来调节表冷段/加热段电动调节阀的开度，使实测温度达到设定温度值。

e. 根据送风管中的湿度来调节加湿电动调节阀的开度，使实测湿度达到设定湿度值。

f. 送风机的频率控制：根据多个变风量区域的温度来控制各区域VAV末端的阀位，由该阀位及风速传感的反馈信号，计算所需风量后再进行送风机频率的控制，但要保证最小送风量的要求（程序设定最小运行频率）。当在最小送风量运行时，所需温度还在继续偏离设定值时，则需调节表冷段/加热段电动调节阀的开度，使实测温度达到设定温度值。若此时末端负荷加大，则首先调节水阀，慢慢至最大阀位，若还不能满足负荷要求，则再根据所需风量进行风机的频率控制。

g. 在空气非常潮湿，如在黄梅季节，当出风口的湿度传感器感应送风湿度过高，超过设定值，则需要进行除湿处理。首先根据设定的空气送风湿度和温度，计算其露点温度。然后将表冷段的冷水阀打开，使风在通过表冷段后温度下降到所计算的露点，从而除去空气中多余的水蒸汽含量，然后再调节热水盘管水阀开度，使温度达到所需的温度。

h. 送风机两端的压差传感器检测风机是否正常运行。

i. 风机的远方启停控制及运行监视。

5) 变频空调机组（带普通风口末端）及其排风机

① 点位设计（表2-7）

点　位　设　计　　　　　　　表2-7

监控设备	数量	监控内容
变频空调机组（带普通风口末端）及其排风机	2	主回路启/停控制、变频启/停控制、高速风口启/停控制、新/回风风门控制、变频转速控制、冷/热水阀控制、加湿阀控制、初/中效过滤网报警、风机压差状态、手自动状态、主回路状态、变频器状态、变频器故障报警、新风温湿度、回风温湿度、变频器转速反馈、机器露点温度、送风温湿度、送风压力、室内压差

② 监控功能和控制原理

a. 根据焓值控制新风阀和回风阀的开度

Ⅰ. 制冷模式：根据新、回风焓值来控制新回风比例：当新风焓值≥回风焓值时，则减少新风阀到最小新风阀位，打开回风阀至最大阀位，以节约能量。当新风焓值＜回风焓值时，打开新风阀到最大阀位，关闭回风阀，运行在全新风状态，以提高空气质量并节能。

Ⅱ．制热模式：根据新、回风焓值来控制新回风比例：当新风焓值≥回风焓值时，运行在过渡季节模式，空调机只作通风机使用。当新风焓值＜回风焓值时，打开新风阀到最大阀位，关闭回风阀，运行在全新风状态，混合风经热水盘管加热后直接送出。当新风焓值小到与送风点等湿线的交点时，开始变新风运行，打开回风阀，其混合的原则是使混风的点处在送风点等湿线上，混合风经热水盘管加热后直接送出。当室外新风焓值不断变小，相应的新风阀位不断变小，当到达最小新风阀位以后，将不在继续减小新风阀位，使系统运行在最小新风的工况，混风经热水盘管加热后，再进行等焓加湿到送风点。

b. 新风阀与送风机联动：当启动时，先打开新风阀，再启动风机；当停机时，先停止送风机，再关闭新风阀。

c. 当过滤网阻塞时，初效、中效过滤网的压差传感器给出过滤网淤塞报警信号。

d. 根据送风管中的温度来调节表冷段/加热段电动调节阀的开度，使实测温度达到设定温度值。

e. 根据送风管中的湿度来调节加湿电动调节阀的开度，使实测湿度达到设定湿度值。

f. 送风机的频率控制：根据送风区域的温度传感器所测的温度与设定温度相比较，计算所需风量后进行送风机频率控制，但要保证最小送风量的要求（程序设定最小运行频率）。当在最小送风量运行时，所需温度还在继续偏离设定值时，则需调节表冷段/加热段电动调节阀的开度，使实测温度达到设定温度值。若此时末端负荷加大，则首先调节水阀，慢慢至最大阀位，若还不能满足负荷要求，则再根据所需风量进行风机的频率控制。

g. 空调机组相对应的变频排风机的控制：根据该区域吊顶内的压力传感器检测计算室内外压差，当压差值超过设计设定的压差值时，开启排风机。其频率的控制根据允许的最大压差为条件进行控制，能保证室内为正压又能使新风正常送入。

h. 在空气非常潮湿，如在黄梅季节，当出风口的湿度传感器感应送风湿度过高，超过设定值，则需要进行除湿处理。首先根据设定的空气送风湿度和温度。计算其露点温度。然后将表冷段的冷水阀打开，使风在通过表冷段后温度下降到所计算的露点，从而除去空气中多余的水蒸汽含量，然后再调节热水盘管水阀开度，使温度达到所需的温度。

i. 送风机两端的压差传感器检测风机是否正常运行。

j. 风机的远方启停控制及运行监视。

k. 当传感器感知送风温度高于回风温度时，自动打开高速送风口；当传感器感知送风温度低于回风温度时，自动关闭高速送风口。

6）定风量空调机组（带普通风口末端）

① 点位设计（表2-8）

该空调机组位于大楼顶层空调机房，点位设置如下：

点 位 设 计　　　　　　　　　　　　　　表2-8

监控设备	数量	监控内容
定风量空调机组（带普通风口末端）	1	启/停控制、新/回风风门控制、冷/热水阀控制、加湿阀控制、初/中效过滤网报警、风机压差状态、手自动状态、运行状态、故障报警、新风温湿度、回风温湿度、机器露点温度、送风温湿度、房间温度/设定温度、屋顶水箱液位

② 监控功能和控制原理

a. 根据焓值控制新风阀和回风阀的开度

Ⅰ. 制冷模式：根据新、回风焓值来控制新回风比例：当新风焓值≥回风焓值时，则减少新风阀到最小新风阀位，打开回风阀至最大阀位，以节约能量。当新风焓值＜回风焓值时，打开新风阀到最大阀位，关闭回风阀，运行在全新风状态，以提高空气质量并节能。

Ⅱ. 制热模式：根据新、回风焓值来控制新回风比例：当新风焓值≥回风焓值时，运行在过渡季节模式，空调机只作通风机使用。当新风焓值＜回风焓值时，打开新风阀到最大阀位，关闭回风阀，运行在全新风状态，当监测到新风焓值小到与送风点等湿线的交点时，慢慢打开回风阀，调节新风阀，使其混合的原则是使混风的点处在送风点等湿线上，混合风经热水盘管加热后直接送出。当室外新风焓值不断变小，相应的新风阀位不断变小，当到达最小新风阀位以后，将不在继续减小新风阀位，使系统运行在最小新风的工况，混风经热水盘管加热后，再进行等焓加湿到送风点。

b. 新风阀与送风机联动：当启动时，先打开新风阀，再启动风机；当停机时，先停止送风机，再关闭新风阀。

c. 当过滤网阻塞时，初效、中效过滤网的压差传感器给出过滤网淤塞报警信号。

d. 根据送风管中的温度来调节表冷段/加热段电动调节阀的开度，使实测温度达到设定温度值。

e. 根据送风管中的湿度来调节加湿电动调节阀的开度，使实测湿度达到设定湿度值。

f. 送风机的工频运行：根据送风区域的温度传感器所测的温度与设定温度相比较，来调节表冷段/加热段电动调节阀的开度，使实测温度到达设定温度值。

g. 在空气非常潮湿，如在黄梅季节，当出风口的湿度传感器感应送风湿度过高，超过设定值，则需要进行除湿处理。首先根据设定的空气送风湿度和温度。计算其露点温度。然后将表冷段的冷水阀打开，使风在通过表冷段后温度下降到所计算的露点，从而除去空气中多余的水蒸汽含量，然后再调节热水盘管水阀开度，使温度达到所需的温度。

h. 送风机两端的压差传感器检测风机是否正常运行。

i. 风机的远方启停控制及运行监视。

7）温控变频空调机组（带排风机）

① 点位设计（表2-9）

点 位 设 计　　　　　　　　　　　　　　　表2-9

监控设备	数量	监 控 内 容
温控变频空调机组（带排风机）	1	主回路启/停控制、变频启/停控制、新/回风风门控制、变频转速控制、冷/热水阀控制、加湿阀控制、初/中效过滤网报警、风机压差状态、手自动状态、主回路状态、变频器状态、变频器故障报警、新风温湿度、回风温湿度、变频器转速反馈、机器露点温度、送风温湿度、送风压力、房间温度/设定温度、室内压差

② 监控功能和控制原理

a. 根据焓值控制新风阀和回风阀的开度

Ⅰ. 制冷模式：根据新、回风焓值来控制新回风比例：当新风焓值≥回风焓值时，则减少新风阀到最小新风阀位,打开回风阀至最大阀位,以节约能量。当新风焓值<回风焓值时,打开新风阀到最大阀位,关闭回风阀,运行在全新风状态,以提高空气质量并节能。

Ⅱ.制热模式:根据新、回风焓值来控制新回风比例:当新风焓值≥回风焓值时,运行在过渡季节模式,空调机只作通风机使用。当新风焓值<回风焓值时,打开新风阀到最大阀位,关闭回风阀,运行在全新风状态,混合风经热水盘管加热后直接送出。当新风焓值小到与送风点等湿线的交点时,开始变新风量运行,打开回风阀,其混合的原则是使混风的点处在送风等湿线上,混合风经热水盘管加热后直接送出。当室外新风焓值不断变小,相应的新风阀位不断变小,当到达最小新风阀位以后,将不在继续减小新风阀位,使系统运行在最小新风的工况,混风经热水盘管加热后,再进行等焓加湿到送风点。

b. 新风阀与送风机联动:当启动时,先打开新风阀,再启动风机;当停机时,先停止送风机,再关闭新风阀。

c. 当过滤网阻塞时,初效、中效过滤网的压差传感器给出过滤网淤塞报警信号。

d. 根据送风管中的温度来调节表冷段/加热段电动调节阀的开度,使实测温度达到设定温度值。

e. 根据送风管中的湿度来调节加湿电动调节阀的开度,使实测湿度达到设定湿度值。

f. 送风机的频率控制:根据多个变风量区域的温度来控制各区域 VAV 末端的阀位,由该阀位及风速传感的反馈信号,计算所需风量后再进行送风机频率的控制,但要保证最小送风量的要求(程序设定最小运行频率)。当在最小送风量运行时,所需温度还在继续偏离设定值时,则需调节表冷段/加热段电动调节阀的开度,使实测温度达到设定温度值。若此时末端负荷加大,则首先调节水阀,慢慢至最大阀位,若还不能满足负荷要求,则再根据所需风量进行风机的频率控制。

g. 在空气非常潮湿,如在黄梅季节,当出风口的湿度传感器感应送风湿度过高,超过设定值,则需要进行除湿处理。首先根据设定的空气送风湿度和温度。计算其露点温度。然后将表冷段的冷水阀打开,使风在通过表冷段后温度下降到所计算的露点,从而除去空气中多余的水蒸汽含量,然后再调节热水盘管水阀开度,使温度达到所需的温度。

h. 空调机组相对应的变频排风机的控制:根据各区域吊顶内的压差传感器检测的室内外空气压力差,当其差值超过空调设计设定的压差值时,开启排风机。其频率的控制根据允许的最大压差为条件来进行控制,能保证室内为正压且又能使新风能正常送入。

i. 送风机两端的压差传感器检测风机是否正常运行。

j. 风机的远方启停控制及运行监视。

8)变频空调机组(带变风量末端)及其回风管并联排风机

① 点位设计(表 2-10)

点 位 设 计   表 2-10

监控设备	数量	监控内容
变风量空调机组(带变风量末端)及其回风管并联排风机	3	主回路启/停控制、变频启/停控制、排风阀、新/回风风门控制、变频转速控制、冷/热水阀控制、加湿阀控制、初/中效过滤网报警、风机压差状态、手自动状态、主回路状态、变频器状态、变频器故障报警、新风温湿度、回风温湿度、变频器转速反馈、机器露点温度、送风温湿度、送风压力、室内压差

② 监控功能和控制原理

　　a. 根据焓值控制新风阀和回风阀的开度

　　Ⅰ．制冷模式：根据新、回风焓值来控制新回风比例：当新风焓值≥回风焓值时，则减少新风阀到最小新风阀位，打开回风阀至最大阀位，以节约能量。当新风焓值＜回风焓值时，打开新风阀到最大阀位，关闭回风阀，运行在全新风状态，以提高空气质量并节能。

　　Ⅱ．制热模式：根据新、回风焓值来控制新回风比例：当新风焓值≥回风焓值时，运行在过渡季节模式，空调机只作通风机使用。当新风焓值＜回风焓值时，打开新风阀到最大阀位，关闭回风阀，运行在全新风状态，混合风经热水盘管加热后直接送出。当新风焓值小到与送风点等湿线的交点时，开始变新风运行，打开回风阀，其混合的原则是使混风的点处在送风点等湿线上，混合风经热水盘管加热后直接送出。当室外新风焓值不断变小，相应的新风阀位不断变小，当到达最小新风阀位以后，将不在继续减小新风阀位，使系统运行在最小新风的工况，混风经热水盘管加热后，再进行等焓加湿到送风点。

　　b. 新风阀与送风机联动：当启动时，先打开新风阀，再启动风机；当停机时，先停止送风机，再关闭新风阀。

　　c. 当过滤网阻塞时，初效、中效过滤网的压差传感器给出过滤网淤塞报警信号。

　　d. 根据送风管中的温度来调节表冷段/加热段电动调节阀的开度，使实测温度达到设定温度值。

　　e. 根据送风管中的湿度来调节加湿电动调节阀的开度，使实测湿度达到设定湿度值。

　　f. 送风机的频率控制：根据多个变风量区域的温度来控制各区域VAV末端的阀位，由该阀位及风速传感的反馈信号，计算所需风量后再进行送风机频率的控制，但要保证最小送风量的要求（程序设定最小运行频率）。当在最小送风量运行时，所需温度还在继续偏离设定值时，则需调节表冷段/加热段电动调节阀的开度，使实测温度达到设定温度值。若此时末端负荷加大，则首先调节水阀，慢慢至最大阀位，若还不能满足负荷要求，则再根据所需风量进行风机的频率控制。

　　g. 在空气非常潮湿，如在黄梅季节，当出风口的湿度传感器感应送风湿度过高，超过设定值，则需要进行除湿处理。首先根据设定的空气送风湿度和温度。计算其露点温度。然后将表冷段的冷水阀打开，使风在通过表冷段后温度下降到所计算的露点，从而除去空气中多余的水蒸汽含量，然后再调节热水盘管水阀开度，使温度达到所需的温度。

　　h. 空调机组相对应的变频排风机的控制：根据各区域吊顶内的压差传感器检测的室内外空气压力差，当其差值超过空调设计设定的压差值时，开启排风机。其频率的控制根据允许的最大压差为条件来进行控制，能保证室内为正压且又能使新风能正常送入。

　　i. 送风机两端的压差传感器检测风机是否正常运行。

　　j. 风机的远方启停控制及运行监视。

　　9）新风机组

　　①点位设计（表2-11）

　　新风机组位于地下一层靠近厨房的空调机房内，主要为了保证厨房和餐厅新风的要求，点位设计如下：

点 位 设 计 表 2-11

监控设备	数量	监控内容
新风机组	1	启/停控制、新风风门控制、冷/热水阀调节控制、手自动状态、运行状态、故障报警、过滤网报警、风机压差状态、新风温度、机器露点温度、送风温湿度

② 监控功能和控制原理

a. 新风阀与送风机联动：当启动时，先打开新风阀，在启动风机；当停机时，先停止风机，在关闭新风阀。

b. 当过滤网阻塞时，压差传感器报警。

c. 根据送风温度来调节表冷/加热段电动调节阀开度，使实测温度达到设定温度值。

d. 在空气非常潮湿，如在黄梅季节，当出风口的湿度传感器感应送风湿度过高，超过设定值，则需要进行除湿处理。首先根据设定的空气送风湿度和温度。计算其露点温度。然后将表冷段的冷水阀打开，使风在通过表冷段后温度下降到所计算的露点，从而除去空气中多余的水蒸汽含量，然后再调节热水盘管水阀开度，使送风温度达到所需的温度。

e. 送风机两端的压差传感器检测风机是否正常运行。

f. 风机的远方启停控制及运行监视。

10) 变风量末端（VAV）

① 系统组成

浙江省电力生产调度大楼的 VAVBOX 共有 586 台，VAV 控制器选用江森一体化集成式控制器 VMA1400，VMA1400 控制器为有冷暖控制模式的控制器。现场的 VMA 控制器联网接入江森空调控制系统，并由控制系统监控以下点：

a. 末端送风量测定。

b. 末端一次风量测定。

c. 室内/区域温度测定。

d. 室内/区域温度设定。

e. 末端风门开度控制。

f. 末端实际风门开度反馈。

g. 风机控制。

h. 变风量末端的运行状态。

i. 变风量与空调机组的联动控制。

j. 最大最小风量设定。

k. 变风量末端的就地及集中启停控制。

l. 变风量末端故障状态。

浙江省电力生产调度大楼变风量系统的基本单元由空调处理设备、风道系统、末端单元及自动控制系统组成。组成原理详见图 2-20。

② 控制原理

a. 将 VAV/AHU 变风量系统分成三个状态：

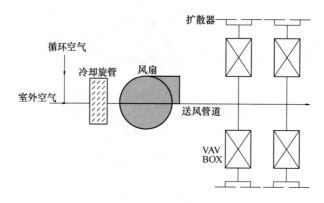

图 2-20 控制系统组成原理

Ⅰ. 低负荷 AHU——在这个低负荷情况下，送风温度值优化设定，风机速度值优化设定。

Ⅱ. 正常负荷 AHU——在典型状态，风机速度值优化设定。

Ⅲ. 高负荷 AHU——在这个阶段负荷较高，送风温度值优化设定，风机速度值优化设定。

b. 风机速度控制（详见图 2-21）

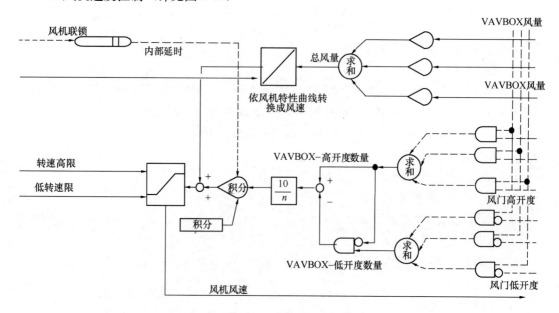

图 2-21 风机速度控制

Ⅰ. 动态重置风机速度：计算不断重置风机速度达到最低水平并避免风量不足，确保 VAVBOX 的开度在 70%～90% 之间（可修改）。

Ⅱ. 计算每个 VAVBOX 的风量，求出风量总和。

Ⅲ. 根据风机特性曲线，来求出 AHU 的风速。

Ⅳ. 根据 VAVBOX 的情况，计算 VAV 风门高开度数量和 VAV 低开度数量。以 70%～90% 为控制目标，小于 70% 为低开度，大于 90% 为高开度。

Ⅴ. 有些 VAVBOX 低开度，有些高开度，只要有一个 VAVBOX 高开度，风速降低将取消。

Ⅵ. 在修改设定值以后，需要有一段时间使系统稳定。时间太短使系统反应太快，导致更多的数据要处理机。数值小于3min使运算不稳定，在启动或者别的快速反应按一个5min的

Ⅶ 延时需要，一次负荷的稳定也可增加到15min。

c. 送风温度控制

Ⅰ. 当风机速度100%维持15min（可调）时，空调机从正常负荷变为高负荷，重置送风温度设定值。

Ⅱ. 当重置参数为零15min（可调），这说明负荷减少，空调机从高负荷变为正常负荷。

Ⅲ. 在高负荷状态，风速设定在100%，每5min（可调）。

Ⅳ. 在高/低负荷情况下，重置是来调节送风温度范围，节省能源。

d. VAV控制

VAVBOX的内部参数可通过网络传送给空调控制系统。主要数据如下：

Ⅰ. 温度

Ⅱ. 温度设定值

Ⅲ. 风流 s 量

Ⅳ. 风量设定值

Ⅴ. 风门驱动器阀门开度反馈

Ⅵ. 风门驱动器增量控制

(2) 送排风系统监控

① 点位设计（表2-12）

点 位 设 计　　　　　　　　　　　　表2-12

监控设备	数量	监控内容
通风机或排风机	28	启/停控制、手自动状态、运行状态、故障报警、风机压差状态

② 监控功能

a. 风机两端的压差传感器检测风机是否正常运行。

b. 风机的远方启停控制和运行状态、故障报警。

(3) 给排水系统的监控

1) 潜水泵

① 点位设计（表2-13）

点 位 设 计　　　　　　　　　　　　表2-13

监控设备	数量	监控内容
潜水泵	48	启/停控制、手自动状态、运行状态、故障报警、高液位报警、低液位报警、超高液位报警

② 监控功能

a. 当集水井高液位报警时，启动水泵；当集水井低液位时，停止水泵。

b. 水泵手自动状态、运行状态、故障报警。

c. 当集水井有一用一备两台水泵时，当一台水泵故障时，自动切换备用泵。

d. 控制系统不起作用时超高液位报警。

2) 集中热水系统

① 点位设计（表 2-14）

点 位 设 计　　　　　　　　　　　　　　　　　表 2-14

监控设备	数量	监控内容
热水泵	4	启/停控制、手自动状态、运行状态、故障报警
热水器	5	启/停控制、运行状态

② 监控功能

a. 热水泵远程控制，运行状态监视，通过程序实现主用泵和备用泵的定期交换使用。

b. 热水器远程控制，运行状态监视。

3) 生活水系统

① 点位设计（表 2-15）

点 位 设 计　　　　　　　　　　　　　　　　　表 2-15

监控设备	数量	监控内容
生活水泵	2	运行状态、故障报警
消防水池	2	液位监测
生活水池	1	液位监测

② 监控功能

a. 生活水泵的运行状态和故障报警监测。

b. 生活水池和消防水池的液位检测。

4) 冷却水给水系统

① 点位设计（表 2-16）

点 位 设 计　　　　　　　　　　　　　　　　　表 2-16

监控设备	数量	监控内容
冷却塔补水泵	3	手自动状态、运行状态、故障报警

② 监控功能

冷却塔补水泵的手自动状态、运行状态和故障报警监测。

5) 直接饮水系统

① 点位设计（表 2-17）

点 位 设 计　　　　　　　　　　　　　　　　　　　　表 2-17

监控设备	数量	监控内容
供水水泵	2	手自动状态、运行状态、故障报警
回水水泵	2	启/停控制、手自动状态、运行状态、故障报警

② 监控功能

a. 供水水泵手自动状态、运行状态、故障报警监视。

b. 回水水泵的控制，手自动状态、运行状态、故障报警监视。

6) 屋顶水箱

① 点位设计（表 2-18）

点 位 设 计　　　　　　　　　　　　　　　　　　　　表 2-18

监控设备	数量	监控内容
屋顶水箱	1	液位检测

② 监控功能

检测屋顶水箱液位高度。

(4) 公共照明系统监控

1) 汽车库照明

① 点位设计（表 2-19）

点 位 设 计　　　　　　　　　　　　　　　　　　　　表 2-19

监控设备	数量	监控内容
汽车车库照明	18	启/停控制、手自动状态、运行状态、故障报警

② 监控功能

汽车车库照明的自动启停控制，手自动状态、运行状态、故障报警的监视。

2) 自行车库照明

① 点位设计（表 2-20）

点 位 设 计　　　　　　　　　　　　　　　　　　　　表 2-20

监控设备	数量	监控内容
自行车车库照明	5	启/停控制、手自动状态、运行状态、故障报警

② 监控功能

自行车车库照明的自动启停控制，手自动状态、运行状态、故障报警的监视。

3) 走道照明

① 点位设计（表 2-21）

点 位 设 计　　　　　　　　　　　　　　　　　　　　表 2-21

监控设备	数量	监控内容
走道照明	60	启/停控制、手自动状态、运行状态、故障报警

② 监控功能

走道照明的自动启停控制，手自动状态、运行状态、故障报警的监视。

(5) 独立系统与 BAS 集成

1) 冷热源系统与 BAS 集成

冷热源系统由地下一层冷热源系统监控工作站监控，该工作站也是 BA 系统的分站。我们配置了江森公司专用的 Metasys Integrator 作为集成硬件设备，实现冷热源系统与 BA 系统的集成，同时提供 M3 STATION 分站软件实现分站功能。

2) 变配电系统与 BAS 集成

变配电系统通过专用高低压断路器单元进行对高低压开关状态和运行参数的监视，该系统与 BA 系统的集成也是通过江森公司的 Metasys Integrator 实现。

3) 电梯系统与 BAS 集成

电梯监控系统由电梯厂商单独完成，并提供 BA 通讯接口，通过江森公司的 Metasys Integrator 实现与 BA 系统的集成。

3. 机房设置

浙江电力生产调度大楼的 BA 机房设在一层 BAS 中心，BA 机房是建筑设备监控系统的管理中心，其设置应满足以下原则：

(1) 应尽量靠近控制负荷中心，应离变电所、电梯机房、水泵房等会产生强电磁干扰的场所 15m 以上。上方及毗邻无用水和潮湿的机房及房间。

(2) 室内控制台前应有 1.5m 的操作距离，控制台靠墙布置时，台后应有大于 1m 的检修距离，并注意避免阳光直射。

(3) 当控制台横向排列总长度超过 7m 时，应在两端各留大于 1m 的通道。

(4) 控制室地板宜采用抗静电架空活动地板，高度不小于 20cm。

建筑设备监控系统的中央工作站由 PC 主机、彩色屏幕 CRT 显示器及打印机组成。中央控制主机通过 N2 总线分别和地下部分、北区、中区和南区的四个区的控制网络连接（详见系统图）。江森公司的 M3 Workstation 系统工作站是本系统的管理与调度中心，实现对全系统的集中监督管理及运行方案指导，以及对整个大楼的被控设备进行监测、调度、管理，实现设备的远程控制。它通过大楼的局域网和地下室冷热源工作分站和变配电工作站连接起来，实现分站的管理。

建筑设备监控系统的供电方式采用 UPS 对现场 DDC 控制器及阀门的执行器进行集中供电。

4. 系统的主要技术特点

大楼 BA 系统的操作管理软件选用 M3 Workstation 系列操作软件。M3 Workstation 是一个分布式系统，它具备很多优点。它是更高效的系统，因为消除了信息阻塞现象，处理器的功能可以最大限度地发挥。它又是更可靠的系统，因为该系统具备很强的容错能力，单个点的故障不会影响到整个系统。M3 Workstation 系统具备了系统控制中三个最基本的功能：独立控制、监督控制及信息管理。

(1) 灵活的系统

M3 Workstation 系统兼容多种连接方式，适应于不同的系统和环境，为楼宇管理系统提供了灵活的接口。M3 Workstation 系统可以选择 Ethernet Local Area Network (LAN) 或直接线缆连接或拨号连接等方式，组成管理级网络。

(2) 高水平的操作平台

M3 Workstation 系统可以运行于 Microsoft® Windows 98，Windows NT/2000 等不同的操作系统。M3 Workstation 系统着眼于国际通用标准，提供给用户高级管理系统和适应将来发展的工业微机控制。每台操作站能够配置多种打印机打印实时报警、报表、信息摘要等。

(3) 完全开放的系统、强大的集成功能

1) ActiveXTM：作为 Microsoft® OLE 技术的延伸，它不仅包括 OLE 的所有控制，还增添了一系列 Internet 和多媒体技术应用。

2) Container：这是一种外壳软件应用程序，它所有系统组件都集成在这个软件里。

3) I/O Server：该软件建立与控制系统的 OPC 界面，并允许 M3 工作站可以从控制系统处理数据。

4) OLE：OLE (Object Linking and Embedding) 允许用户可以通过多种应用程序创建或修改数据对象。

5) OPC：OPC (OLE for Process Control) 是应用 OLE 技术处理工业控制的新规范。它的作用是在与它方系统进行数据集成/共享/交换时提供了一种标准方法。

6) ODBC：ODBC 提供了允许 M-Trend 一种标准方式访问数据的接口。

M3 工作站是一个完全开放的系统，可将其他系统以不同的方式无缝集成到 BAS 的平台下，其也可以以多种方式对其他系统进行开放。它先进的动态彩图、密码保护、可存储点的历史记录、动态趋势分析、操作员进入/退出记录以及报警记录等诸多功能，使其成为一个优秀的人机通讯界面。

M3 工作站是当今控制领域最为先进的、最为友好的系统集成及管理平台，是江森公司在控制领域 100 多年的经验与当今最先进的通讯技术、计算机技术等相结合的成果。

(4) 与第三方设备可靠的通讯

(5) 直观的界面（详见图 2-22）

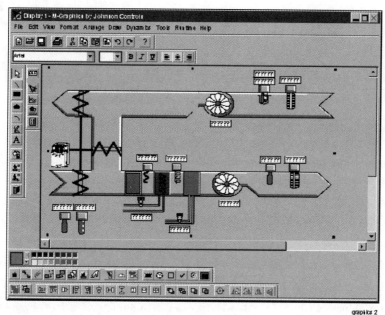

图 2-22 系统界面

M3 Workstation 系统是一个灵活、互动的管理设备，促进设备的优化运行。M3 Workstation 系统的操作界面简单、快捷，并由多个应用工作区组成。每个工作区都是 ActiveX® 文件服务器，提供给用户极其灵活和无缝的应用环境。这些工作区不仅包含 M3 Workstation 系统固有的应用，还可以由用户自定义如电子数据表、文字处理软件包等 ActiveX® 控件。

M3 Workstation 系统操作界面的设计易学易用，操作者能够快速掌握如何处理、分析整个建筑的管理信息。

（6）先进的趋势分析（详见图 2-23）

M-Trend 组件提供了分析设备特性历史数据曲线的强大工具。用户可以通过表格式或图形式的趋势数据浏览，查阅到一个或多个数据组合的情况。图形可以是单图片显示也可以是多图片重叠显示，同时图形显示还提供详细的数据源信息，并为精确分析支持比例缩放功能。

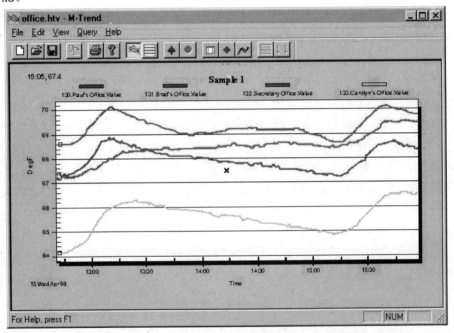

图 2-23　系统界面

（7）密码保护

只要您拥有正确的密码，M3 Workstation 系统所有强大功能都会变得简单。为了确保特定用户得到使用系统的授权，M-Password 提供了必要的保护。

M-Password 具备高度的灵活性，可由用户自定义多级处理密码。

根据大厦管理人员或业主指定的密码级别和管理范围，每个独立的用户或用户组可以操作管理权限范围内的设备/点、应用文件等。

同时，M3 Workstation 系统是模块化系统，因而客户可以只采购现时所需的设备，而将来如有需要，又可以随时扩展该系统，今日的投资对将来不会产生丝毫的损失。

总之，M3 Workstation 系统是根据楼宇管理系统的业主及使用者的实际要求及对将来的期望而开发的，它是一个面向客户的系统，易于安装、调试和易于使用、理解，并且系统的保养和维护也非常方便。

5. 系统传输设计

建筑设备监控系统的系统传输设计主要对系统所用的管线敷设提出具体要求。浙江电力调度大楼 BA 系统管线敷设采用封闭式金属线槽和镀锌钢管、金属软管相结合的方式，管线施工除应严格按照相应的施工规范进行外，还应具体满足 BA 系统的施工要求：

通讯线和电源线：通讯线和电源线单独进行管路敷设，通讯线采用满足 N2 通讯要求的线缆，建议使用 22AWG（美国线规）专用通讯线。电源线采用 BVVB2*1.5 护套线。

现场控制器到末端设备：现场控制器 DDC 到现场传感器的信号线和到空调变频器的控制线集中采用 C-100*50 金属线槽距地 2.5m 沿顶板明敷；由金属线槽到现场传感器测点及空调变频控制器的分支线路采用镀锌钢管沿顶板、墙壁明敷，由镀锌钢管至各传感器测点的线路采用同管径的金属软管明敷，管线的具体规格如下：

(1) 到温度、压力、压差传感器的管线为：ZR-RVVP-3*1.0 G15；
(2) 到湿度传感器的管线为：ZR-RVVP-4*1.0 G15；
(3) 到各阀门的管线为：ZR-RVVP-4*1.0 G15；
(4) 到变频控制器的管线为：4×ZR-RVVP-4*1.0 G32。

接线时对有极性要求的设备请注意区分使用不同颜色的线芯，同一颜色的线芯不允许接不同极性的端子，连接到设备的所有导线均应套上符合原理接线图的标号。通讯线缆及低压（小于36VAC）信号线应单独布设，不能与强电动力电缆或其他电缆混合布设。建筑设备监控系统楼的所有通讯电缆、低压信号电缆不允许有中间接头，如确须接头，中间接头只能置于控制箱内的接线端子上。

6. 系统设备配置清单（表 2-22）

系统设备配置清单　　　　　表 2-22

序号	设备（主材）名称	型号和规格	单位	数量
A	监控中心			
1	中央管理站	P4	台	2
2	变配电工作站	P4	台	1
3	中文打印机	LQ-1600K Ⅲ	台	2
4	管理控制器	MS-N301310-1	台	5
5	控制器附件（外壳）	EN-EWC13-0	台	5
6	M3 工作站	MW-M3WHCI-0	套	1
7	M 图形界面	MW-MGRAPH-0	套	1
8	M3 工作分站	MW-M3WHCI-6	套	1
9	M 图形界面（分站）	MW-MGRAPH-6	套	1
10	手提式终端检测器	SX-9120-8101	只	1
B	控制器			
1	DDC 成套盘（不带箱体）	DP2-MD2R	台	59
2	DDC 成套盘（不带箱体）	DP2-MD1R	台	1
3	DDC 成套盘（不带箱体）	DP2-MX25	台	30

序号	设备（主材）名称	型号和规格	单位	数量
4	DDC 成套盘（不带箱体）	DP2-MX35R＋MX55	台	14
5	DDC 成套盘（不带箱体）	DP2-MX55＋MX55	台	11
6	控制盘（含成套费）	PANEL	台	89
C	冷热源系统			
1	数据收集控制器	MS-MIG3120-0	只	1
2	控制器附件（外壳）	EN-EWC13-0	只	1
D	空调系统			
1	风管型温度传感器	TE-6321P-1	只	1
2	风管型温湿度传感器	HT-9006-UD1	只	178
3	室内型温湿度传感器	HT-9006-URW	只	1
4	机器露点传感器	HY7903T4	只	60
5	气体压差传感器	SETRA 264	只	50
6	高灵敏度气体压差开关	P233A-10-AKC	只	119
7	空气压差变送器	PS-9101-8001	只	58
8	高灵敏度压差开关	P32AC-2C	只	92
9	开关型风阀驱动器	M9116-AGA-1	只	7
10	调节型风阀驱动器	M9116-GGA-1	只	118
11	DN65 电动二通调节阀及驱动器	VG82G1V1N/RA-3041-7226	套	12
12	DN50 电动二通调节阀及驱动器	VG1205FT/M9209-GGA-2＋M9000-510	套	45
13	DN40 电动二通调节阀及驱动器	VG1205ER/M9106-GGA-4＋M9000-520	套	52
14	DN32 电动二通调节阀及驱动器	VG1205DP/M9106-GGA-4＋M9000-520	套	7
15	继电器（不带底座）	RH1B-1U	只	233
E	变风量末端			
1	管理控制器	MS-N301310-1	只	13
2	控制器附件（外壳）	EN-EWC13-0	只	13
3	变风量控制装置	AP-VMA1420-0	只	586
4	变风量系统房间温度传感器	TE-67NP-0N00	只	586
F	给排水系统			
1	水位控制器	MGRE40W	只	34
2	水位传感器	UHZ-517B	只	4
3	继电器（不带底座）	RH1B-1U	只	68
G	变配电系统			
1	变配电地下室工作站	P4	台	1
2	数据收集控制器	MS-MIG3120-0	只	1
3	控制器附件（外壳）	EN-EWC13-0	只	1
H	电梯系统			
1	数据收集控制器	MS-MIG3120-0	只	1
2	控制器附件（外壳）	EN-EWC13-0	只	1
I	照明系统			
1	继电器（不带底座）	RH1B-1U	只	127
合计				

2.1.5.3 系统功能说明

1. 冷热源系统功能

系统通过 BA 分站对冷热源部分进行集成，冷热源部分的数据可以通过通讯接口集成到 BA 系统中，冷热源设备厂家或单独承包商应该实现此部分内容的控制功能，通过 BA 分站可以实现实时对各种参数的监测（取决于冷热源自身系统的监测点数和开放程度）。基本的监测内容如下：

(1) 冷冻水和冷却水系统供回水温度和冷冻水流量；
(2) 冷水机组、冷冻水泵及冷却水泵的运行状态、故障报警，水流开关的状态；
(3) 冷冻/却水系统设备启停顺序监视；
(4) 冷冻/却水系统阀门的开关状态监测；
(5) 冷却塔风机状态监测；
(6) 热源系统的监测；
(7) 设备运行时间累计；
(8) 压差旁通监测。

2. 给排水系统功能

(1) 根据集水井液位高低控制潜水泵启停，当高液位报警时，启动潜水泵；当低液位报警时停止。
(2) 监测集水井的液位报警信号和潜水泵的运行状态、手自动状态、故障报警信号，控制系统不起作用时，超高位液位报警信号。
(3) 控制一个集水井的两台潜水泵轮换运行和备用功能，当一台使用泵发生故障时，自动切换到备用泵。
(4) 集中热水系统热水泵远程启停控制和运行状态、手自动状态、故障报警监测功能；热水器启停控制和运行状态监测。
(5) 生活水池、消防水池、屋顶水箱液位检测，生活水泵运行状态和故障报警监测。
(6) 冷却塔补水泵手自动状态、运行状态、故障报警监测。
(7) 直接饮水系统供水泵手自动状态、运行状态、故障报警监测；回水泵可以实现启停控制和手自动状态、运行状态、故障报警监测。

3. 变风量空调系统功能说明

(1) 通过室内外焓值控制系统运行模式和新回风阀开度比例，以最适合的模式满足室内舒适性要求和节能的效果。
(2) 送风温度的控制：根据变风量末端的需求计算送风温度设定值，通过自动调节控制冷水/热水两通阀的开度，维持送风温度在设定值允许变化范围之内。
(3) 送风湿度控制：根据变风量末端的湿度要求通过调节加湿阀和冷热水阀的除湿来满足送风湿度设定值在允许变化范围之内。
(4) 送风量控制：根据多个变风量区域温度来控制各区域 VAV 末端风量，并计算所需风量后再进行送风机频率的控制，但要保证最小新风量要求。当在最小新风量运行时，所需温度还在继续偏离设定值时，则需调节表冷段/加热段电动调节阀的开度，使实测温度达到设定温度值。若此时末端负荷加大，则首先调节水阀，慢慢至最大阀位，若还不能满足负荷要求，则再根据所需风量进行风机的频率控制。

(5) 联锁控制：送风机与新风阀联锁控制，启动时先打开新风阀再启动风机，停止时先停止风机再关闭新风阀；风机和水阀的联锁控制，启动风机按程序要求自动打开水阀，停止风机时自动关闭水阀。

(6) 根据区域吊顶内的压力传感器检测的空气压力值，与室外空气压力传感器检测的室外空气压力值相比较，当其差值超过空调设计设定的差值时，开启排风机。其频率的控制根据允许的最大压差为条件来进行控制，能保证室内为正压且又能使新风能正常送入。

(7) 监测变频空调机组送风机和对应排风机的变频控制箱的状态参数和频率参数；监测送风回风新风的温湿度参数；送风压力检测；初中效过滤网报警监测；送风机和排风机压差监测。

(8) 空调机组的参数设定值由中央站进行设定，各种状态参数根据事先设定的工作日及节假日作息时间表，定时启停机组。

(9) 机组每一点都有列表汇报，趋势显示和报警显示等功能。

(10) 机组运行时间累计。

4. 定风量空调机组控制

(1) 监测风机的运行状态、故障报警、手自动开关状态、送风温湿度、新风温度。

(2) 联锁控制：送风机与新风阀联锁控制，启动时先打开新风阀再启动风机，停止时先停止风机再关闭新风阀；风机和水阀的联锁控制，启动风机按程序要求自动打开水阀，停止风机时自动关闭水阀。

(3) 送风温湿度控制：根据设定值通过调节冷热水阀控制送风温度，通过机器露点和冷热水阀进行除湿处理和加湿阀进行加湿来保证送风湿度的要求。

(4) 按照事先设定的工作日及节假日作息时间表，定时启停机组。

(5) 过滤网报警功能；通过风机压差开关监测风机是否正常运行。

(6) 机组的每一点都有列表汇报，趋势显示和报警显示等功能。

(7) 定风量空调机组的参数设定值由中央站进行设定，由 DDC 自动控制。

5. 新风机组控制

(1) 监测新风机的运行状态、故障报警、手自动开关状态、送风温湿度、新风温度。

(2) 联锁控制：送风机与新风阀联锁控制，启动时先打开新风阀再启动风机，停止时先停止风机再关闭新风阀；风机和水阀的联锁控制，启动风机按程序要求自动打开水阀，停止风机时自动关闭水阀。

(3) 送风温湿度控制：根据设定值通过调节冷热水阀控制送风温度，通过机器露点和冷热水阀进行除湿处理和加湿阀进行加湿来保证送风湿度的要求。

(4) 按照事先设定的工作日及节假日作息时间表，定时启停机组。

(5) 过滤网报警功能；通过风机压差开关监测风机是否正常运行。

(6) 机组的每一点都有列表汇报，趋势显示和报警显示等功能。

(7) 新风机组的参数设定值由中央站进行设定，由 DDC 自动控制。

6. 送排风机控制

(1) 自动监测各个送排风机的运行状态、故障报警和手自动开关状态。

(2) 根据物业管理的需要或定时启停送排风机。

(3) 风机压差开关监测风机是否正常运行。

(4) 可以根据地下车库的汽车数量启停相应区域的送排风机。

(5) 发生火灾时，可以通过软件设置自动切换道排烟、补风风机状态。

7. 公共照明功能

(1) 监测公共照明回路的运行状态、手自动状态、故障报警。

(2) 可以远程启停控制照明回路或按设定的时间程序启停。

8. 变配电系统功能

变配电系统通过网关和 BA 系统集成，BA 系统可以实现以下功能：

(1) 高低压进线状态检测，电压、电流、频率、有功功率和功率因数等电参数监测和电量累计。

(2) 变压器超温报警信号检测。

9. 电梯系统控制

电梯系统的监视单独成一个系统，通过通讯接口和 BAS 集成，BAS 实现以下监控功能：

(1) 监视电梯的运行状态，包括楼层显示，上下行状态，故障报警。

(2) 电梯运行时间累计。

2.1.5.4 系统产品与 BMS 互连的接口及协议说明

M3 Workstation System 采用开放式结构，着眼于国际通用标准，提供给用户高级管理系统和适应将来发展的工业微机控制，支持多种国际工业标准，如最新的标准协议 BACnet、Ethernet、TCP/IP、LonWorks、ODBC（Open Data Base Connectivity）、ActiveX、DDE、Windows 95/98/2000/NT、Internet、Intranet 及 OPC（OLE for Process Control）等等，因此对于不同的弱电子系统，可以采用不同的集成方法。M3 工作站每个工作区都是 ActiveX® 文件服务器，提供给用户极其灵活和无缝的应用环境，它的动态图形、动态历史记录、动态趋势等功能为用户提供了极其友好的界面，最为直观的管理。

M3 Workstation System 代表了楼宇管理与控制的最新潮流，体现了最新的质量、性能、可靠性方面的工业标准，不仅提供了当今最好的资源管理系统，并且保证了系统以后的发展。

2.1.5.5 系统软件各个层面的接口规范及开发工具

METASYS 楼宇自控系统（详见图 2-24）代表了楼宇自控管理与控制的最新潮流，体现了最新的质量，性能，可靠性方面的工业标准。METASYS 被全世界数以千计的用户广泛采用，将空调控制，能量管理，消防控制，出入控制，维修管理，照明控制等整个系统的监控完美地连接起来。

许多设备制造商都有各自的通讯协议，但为与 Johnson Controls 合作，也开发了互连解决方案。这些互连方案都包含了一个"协议翻译器"，即 Johnson Controls 提供的 Metasys Integrator。有些情况下，也要求设备制造商提供一个接口单元作为选项。所有互连方案都由 Johnson Controls 和设备制造商联合测试和认证。

2.1.5.6 系统安全性分析

(1) 系统电源由 UPS 系统集中供电，在市电断电情况下可以提供 8h 的后备时间，保证系统的供电安全。

(2) 当外电断电时，可以按次序关掉所有 DDC，防止数据及操作系统软件丢失，而

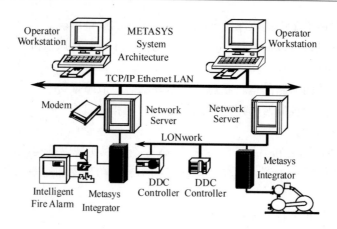

图 2-24　系统示意图

备用电池可保证 RAM 的数据在一定时间内不丢失，保证系统的数据安全。

（3）系统中央站软件多级密码功能能最大程度的保证系统的操作安全。

2.1.5.7　主要设备技术性能及有关论证

1. 智能网络控制器 N30（详见图 2-25）

图 2-25　N30

智能网络控制器（N30）由一系列可兼容的电子智能化模块所构成。它可以实现复杂高性能控制的任何控制程序，同时也可以协调通信网络中各独立的 DDC 控制器，为它们提供报警监视和综合控制功能。

（1）N2 设备

可以支持几乎所有的 N2 设备，如 DX-9100，VMA，UNT，AHU，Integrator 等。

（2）网络协议

内置网卡，通过 Ethernet 总线进行点对点（pear-to-pear）的 BACnet 信息通讯。

（3）用户界面

1）通过串口直接连接或 Ethernet 连接。

2）通过 M-Graphics 动态彩图软件进行简单操作。

3）支持多软件组合，如 Trending，OPC 和 ActiveX 界面，动态图形等等。

（4）用户使用

允许定义 6 级口令。

（5）功能设定

1）Alarm Processing

2）Trending

3）Totalization

4) Remote Dial In/Out：通讯速率可达 57600 baud。

(6) 能源管理特性

1) 优化启动

2) 用电量限制/负载循环（Demand Limiting and Load Rolling）

2. N2 可扩展数字控制器（DX-9100-8154/8554）

DX-9100 控制器是一个模块化，可扩展，在现场具有显示及操作能力的控制器。对于 DX-9100-8154 它的基本配置为 8AI，8DI，2AO 及 6DO，共为 24 点，对于 DX-9100-8454 它的基本配置为 8AI，8DI，8AO 及 6DO，共为 30 点，根据现场需要可增加各类型点的扩展模块，最多可扩展 64 个点。

DX-9100 的软件功能十分齐全，可实现各种现场控制要求。其操作系统包括实时功能，12 个可编程模块，及 PLC 逻辑运算模块。由于它是由一个个功能模块所构成，其图形化的编程工具使得程序设计异常简单。用户只要简单地调用图块，填写参数，控制程序便自动生成。它除了完成各种运算及 PID 回路控制功能外，还具备多级控制及统计功能；其 PLC 逻辑运算模块，具备一般 PLC 控制器的功能；其实时功能可同时设置多达 8 个时间控制程序，每个时间控制程序，可针对星期一至星期日及特定的一些公众假期，分别设定不同的启动/关闭时间。如此强大的软件功能，决定了 DDC 具有独立运作的功能，当中央操作站故障，网络控制器故障或通讯线断线，都不会影响其操作。

3. VAVBOX 专用集成式控制器（VMA-1400）

VMA 控制器（见图 2-26）是将 DDC、风阀和压差变送器整合在一起的完整的控制模块，其中风阀和压差传感器部分在工厂已经调试完成，并设置合理的参数。通过这种高度机电一体化的控制方式，能够使 VAV 系统更加协调一致地对所控区域的环境进行调节，从而达到更舒适、更节能的效果。

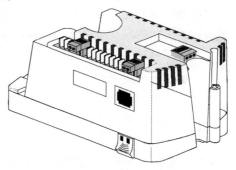

图 2-26　VMA 控制器

VMA 中风门驱动器采用步进式电机，动作迅速，从全开到全关只需要 30 秒，控制精确，90 度行程中可以完成 23000 次的定位。

VMA 的控制器控制算法先进，其中自诊断及模式自动识别的自动控制技术（PRAC）在美国获得专利，代表着 VAV 控制技术的最新成果。

VMA1400 系列控制器可以直接接入 Metasys N2 现场总线，作为 Metasys 中一个现场控制器连入 BAS，实现了远程的监控管理。

2.1.5.8　系统施工方案

1. 系统设备安装

(1) 安装人员确定

施工人员的素质关系到整个系统完成的优劣，建筑设备监控系统的安装人员必须经过系统的培训，熟悉本系统的施工规范和功能要求，能够按照技术人员的要求进行精细施工。

(2) 线路检查

建筑设备监控系统线路复杂，对管线施工要求很高，管线施工必须按照图纸施工，遵照系统对管线施工的要求，以便设备安装和系统调试得以顺利进行。

（3）第三方设备检查

建筑设备监控系统对机电设备进行监控，涉及众多的第三方设备，检查其设备是否满足系统对第三方设备的要求。只有满足要求才能实现对设备的控制和监测或满足集成的要求。

（4）资料准备和检查

准备施工平面图、设计方案、产品手册、DDC内部接线图、设备安装说明书，并检查资料是否符合现场实际情况。

（5）设备安装

传感器和执行器的安装：所有的传感器和执行器等终端设备必须按照产品手册和使用说明书进行安装和接线工作。

DDC安装和内外部接线：DDC的安装必须严格按照设备手册进行，内外部接线按照图纸施工。

安装人员确定→线路检查→第三方设备检查→系统资料检查→设备安装

设备安装必须根据施工进度在具备安装条件时进行，BA系统中的阀门安装委托安装公司进行。

2.1.5.9 系统运行的经济、节能分析

智能建筑物的能源消耗是巨大的，据发达国家统计，建筑物的能耗主要体现在建筑设备的能耗上。智能建筑物的各类设备能耗比例如下：

设备	比例
给排水设备	15%
电梯设备	7%
照明设备	18%
冷热源与空调设备	49%
其余	11%

BA系统在充分采用了最优设备投运台数控制、最优起停控制、焓值控制、工作面照度自动控制、公共区域分区照明控制、供水系统压力控制、温度自适应控制等有效的节能运行措施后，可以使建筑物减少20%左右的能耗。这无论对发达国家还是发展中国家来说，都具有十分重要的经济和环境保护的意义。可以这样说，有效发挥BA系统的功能来降低能耗保护环境，是可持续发展的重要实施环节。降低能耗实际上就是减少了建筑物的运行费用，这对于建筑物物业管理来说更是极其重要的事情。另外，由于节能控制方式有效减少了设备的运行时间，降低设备的磨损与事故发生率，大大延长了设备的使用寿命，其间接减少设备维护和更新费用也是巨大的。建筑物的生命期的60～80年中，物业管理费用的主要部分是能源费用和维护更新费用，应用BA系统有效地降低了运行费用的开支，其经济效益是十分明显的，如果BA系统设计合理并能有效地使用的话，2～3年内回收BA系统的投资是完全可能的。

通过BA的控制可以实现以下节能措施：

（1）最佳关机时间：根据人员使用情况，在人员离开之前的最佳时间，关闭空调设备，既能在人员离开之前空间维持舒适的水平，又能尽早地关闭设备，减少设备能耗。

（2）设定值再设定：根据室外空气的温度、湿度的变化对新风机组和空调机组的送风或回风温度设定值进行再设定，使之恰好满足区域的最大需要，以将空调设备的能耗降至最低。

（3）负荷间隙运行：在满足舒适性要求的极限范围内，按实测温度和负荷确定循环周期与分段时间，通过固定周期性或可变周期性间隙运行某些设备来减少设备开启时间，减少能耗。

（4）分散功率控制：在需要功率峰值到来之前，关闭一些事先选择好的设备，以减少高峰功率负荷。

（5）夜间循环程序：分别设定低温极限和高温极限，按采样温度决定是否发出"制冷"命令，实现冷却循环控制。在凉爽季节，夜间只送新风，以节约空调能耗。

（6）变风量末端的控制：控制系统充分发挥变风量系统在节能方面的优势，通过送风温度再设定和变静压控制实现系统在满足舒适性的要求下最大限度的实现节能。

2.1.6 福乐斯橡塑保温

2.1.6.1 应用概况

（1）空调水管采用难燃B1级一级福乐斯保温，保温厚度参见表2-23选取：

保 温 厚 度　　　　　　　　　　　　　表2-23

管径（mm）	空调冷冻水管保温厚度（mm）	空调热水管保温厚度（mm）
20~80	R系列管材	M系列管材
100~250	32	25
250以上	38	32

空调水管穿越防火墙两侧2m范围内采用离心玻璃棉保温时，空调冷冻水管保温厚度为100mm，空调热水管保温厚度为60mm。

（2）蓄冷乙二醇管道及蓄热管道均采用难燃B1级一级福乐斯保温，保温厚度参见表2-24选取：

保 温 厚 度　　　　　　　　　　　　　表2-24

管径（mm）	乙二醇管道保温厚度（mm）	空调蓄热管道保温厚度（mm）
20~80	T系列管材	T系列管材
100~250	50	38
250以上	64	50

（3）空调送回风管以一级福乐斯保温材料进行保温（穿越防火墙和变形缝的风管两侧各2m范围内应采用50mm厚离心玻璃棉保温，采用离心玻璃棉作为保温材料的地方，保温层外应用铝箔作隔潮保护层）。一级福乐斯保温材料防火等级需达到难燃B1级要求，导热系数不小于0.039W/(m·K)，其保温厚度参照表2-25确定。

保 温 厚 度　　　　　　　　　　　　　表2-25

空调风管送风温度（℃）	一级福乐斯板材厚度（mm）
≥7.5	32
≥11	25
>18	19

(4) 空调供回水管以一级福乐斯保温材料进行保温（穿越防火墙和变形缝的水管两侧各 2m 范围内应采用 50mm 厚离心玻璃棉保温，采用离心玻璃棉作为保温材料的地方，保温层外应用铝薄作隔潮保护层）。一级福乐斯保温材料防火等级需达到难燃 B1 级要求，其保温厚度参照表 2-26 确定。

保 温 厚 度　　　　　　　　　　　　　　　表 2-26

空调水管水温℃	管径（mm）	一级福乐斯材料厚度（mm）
3.5	<DN100	25
3.5	≥DN100	32
13.5	<DN100	19
13.5	≥DN100	25

(5) 空调冷凝水管保温材料同空调供回水管，厚度取 13mm。

2.1.6.2 橡塑材料的特点和性能

橡塑绝热保温材料是采用丁腈橡胶、聚氯乙烯为主要原料，配以各种辅助材料，经特殊工艺发泡而成的软质绝热保温节能材料。这种材料为闭孔弹性材料，具有柔软耐挠屈、耐寒、耐热、阻燃、防水、导热系数低、减震、吸声等性能，其闭孔式发泡式结构渗透性极小，渗水率也低，绝热保温效果较好。主要材料特点如下：

(1) 密封式气泡构造，有效地隔绝了水汽，即使产品表面划伤也不影响整体的隔汽性，因此无须添加隔汽层，外壁不会结露。

(2) 具有优异的抗水汽渗透能力。"水"是改变橡塑保温材料保温性能的一个重要因素。水的渗透会改变橡塑保温材料的"导热系数"，随着使用时间的增加，最终破坏保温材料的保温性能。橡塑保温材料吸水率低，导热系数低，且能长时间保持稳定。

(3) 其使用厚度比其他保温材料薄得多，省工省料。例如玻璃棉保温材料，其空调水管管材保温材料需要 30mm 厚，空调风管板材保温材料需要 50mm 厚，而用橡塑保温材料保温则厚度要薄得多。

(4) 阻燃效果好，自熄、不延燃。符合消防要求，安全可靠。

(5) 使用温度范围宽，温度范围 0～+150℃。耐天候老化性优越，具有长期抵抗严寒、炎热、干燥、潮湿等恶劣环境的能力。（橡胶的耐天候性是指自然环境中光、热、冻、风、雨、大气中臭氧、氧等综合因素的老化）。使用寿命长，20 年不老化，免维护。

(6) 手感柔软、弹性好、强度高、表面光洁、安装简易、经济、快捷、雅观整齐、清洁。

(7) 它极具有伸展弯曲的强性素质，经得起撕扯与粗力传递，即使处于剧烈状况下也不会被损坏。

(8) 橡塑海绵绝热材料由于无须其他辅助层，因此安装简易快捷，只需切割粘合，极大节省人工。

(9) 橡塑海绵绝热材料在设备修复中，剥离下来的材料，可以重复使用，性能不变。

(10) 减震、吸音效果好，适用范围广。

传统的高温聚氯乙烯塑料发泡保温管和聚苯乙烯泡沫保温瓦，最高耐热温度为 50℃，吸水率远大于 10%。因耐热性能差、吸水率高，使其产品仅限于干燥部位的制冷管道保温。橡塑保温管以其优异的性能，能降低冷损热损及施工方便、外表美观、没有污染等特

点,被广泛应用于中央空调、化工、医药、汽车等行业的各类冷热介质管道保温。橡塑产品总体性能如下:

(1) 导热系数低。平均温度为 0℃时,该材料导热系数为 0.034W/(m·K),由于其表面放热系数高,因此在相同外界条件下厚度可比其他保温材料薄一半,从而可节省楼层吊顶以上的空间。

(2) 阻燃、耐热性能好。该材料中含有大量阻燃减烟原料,燃烧时产生的烟浓度极低,且遇火不会熔化,具有自熄灭特性。该材料氧指数为 36,比聚乙烯高一个级别(B1级),且橡塑保温耐热性能好。

(3) 安装方便、外形美观。橡塑材料富柔软性,安装简易方便,易于施工成型。管道安装时可用管材套上后一起安装,亦可将管材纵向切开后用专用胶水粘合。橡塑外表面光滑平整,管道保温施工后外形美观。

(4) 该绝热材料具有很高的弹性,因而最大限度地减少了管道在使用过程中的振动和共振。

(5) 不腐蚀金属管材。

(6) 材料密度小,具有一定的孔隙率。

(7) 吸水率低(不大于 10%)。

(8) 综合成本相对低廉。

材料适用温度范围、传热系数、吸水率指标见表 2-27～表 2-29:

适用温度范围 表 2-27

管材最低使用温度	管材最高使用温度	板材最高使用温度
-50℃	+150℃	+100℃

传 热 系 数 表 2-28

平均温度	-20℃	0℃	+20℃
传热系数	0.031W/m²·K	0.034W/m²·K	0.036W/m²·K

吸 水 率 指 标 表 2-29

体积吸水率	完全浸没 28d 后	平均 1.7%,最大 3.0%
质量吸水率		最大 1.5%

2.1.6.3 经济和技术性能对比

橡塑与其他保温材料的泡孔结构比较见表 2-30:

橡塑与其他保温材料的泡孔结构比较 表 2-30

玻璃纤维	开孔结构水汽渗透率极高(湿阻因子 μ 值为 3～5),导致随使用时间延长导热系数升高,使保温效果大大降低。
发泡聚乙烯(PEF)	连孔结构,添加阻燃剂后有较高的水汽渗透率(湿阻因子 μ 值均为 1000),其材质硬而发脆、易破损,寿命短
橡塑绝热保温	闭孔结构有极小的水汽渗透率(湿阻因子 μ 值均为 4500),能长期保持较低的导热系数

采暖、空调管道保温材料性能比较见表 2-31:

采暖、空调管道保温材料性能比较　　　　　　表 2-31

材料名称	密度（kg/m³）	导热系数（W/m·K）	温度℃	经济指标
水泥珍珠岩管	250~400	0.058~0.087	<600	不适用
岩棉保温管	100~200	0.082~0.058	-268~350	综合成本高
硅酸铝纤维管	300~380	0.047~0.00012	≤1000	价格较高
聚苯乙烯塑料管（泡沫塑料）	20~50	0.031~0.047	-80~70	价格适中
聚氨酯预制保温管	30~42	0.023	50~160	成本高
橡塑绝热保温管	78	0.034	-50~125	价格相对低廉

各种采暖保温材料实际使用情况对比分析如下：

1. 水泥珍珠岩、岩棉、聚苯乙烯塑料

水泥珍珠岩管、岩棉保温管、聚苯乙烯塑料管、硅酸铝纤维管均为瓦状形式安装，需使用 16 号铁丝及玻纤布缠绕绑扎。这些材料存在以下问题：

（1）由于吊顶内空间狭小，空气湿度较大，铁丝易腐蚀，玻纤布极易松动，瓦型保温管易出现脱落；

（2）水泥珍珠岩管、岩棉保温管吸水率较高，保温管含水后失去绝热保温作用，且会腐蚀管道；

（3）施工人员现场操作困难，珍珠岩粉末、岩棉纤维、硅酸铝纤维还会污染身体及衣物；

（4）维修人员进入吊顶内操作时因摩擦、碰撞管道周围的缠绕绑扎布，往往发生脱落。

因此，上述四种材料均不是隐蔽管道保温绝热的最佳选择。

2. 聚氨酯硬质发泡保温管

聚氨酯硬质发泡保温管材质好、性能优，是室外供热管道保温材料的首选，但是用于室内隐蔽管道保温存在以下问题。

（1）聚氨酯硬质发泡保温管价格昂贵，是橡塑绝热保温管的 2~3 倍；

（2）本工程吊顶内管道接头多，作业面小，操作困难，施工质量难以保证；

（3）接头材料由两种挥发性化学原料混合配制，属有毒性作业，吊顶内空气流动性差，会严重伤害作业人员身体健康。

3. 橡塑管道保温管材

橡塑管道保温管材各项技术指标均符合保温材料选材的原则，能满足国家标准要求，尤其是真空吸水率透湿系数小于技术标准要求。其最大的优点是使用寿命长，价格相对低廉，安装方便，不易脱落，维修费用低，特别是它特有的重复使用特性，使其综合成本和长远经济效益远大于其他保温材料，所以橡塑保温管材是一种节能降耗的管道保温材料。

通过对某管道保温工程的几种保温材料进行比较，证明随年限增加，橡塑绝热保温管综合费用较低。

按管道传热的热损失计算，采用橡塑绝热保温管，每个采暖期比使用其他保温材料可降低供热成本的 1/2，所以本工程选用吸水系数低、保温性能好、便于管道维修、价格相对低廉的橡塑绝热保温材料。

2.1.6.4 橡塑保温材料的选择

橡塑保温材料的选择主要是厚度的选择和板材或管材的选择，因此应从以下几方面予以考虑：

(1) 影响保温材料厚度的因素：

1) 介质与环境温差越大，则越厚；

2) 相对湿度越大，则越厚；

3) 管道直径越大，则越厚。

(2) 管道外径超过3英寸（80mm），保温材料应选用板材。

(3) 保温材料厚度超过1英寸（25mm），采用重叠双层包装，直至所需厚度。

2.1.6.5 橡塑绝热保温材料的安装

1. 保温管的安装

保温管可用于管子或其他各类管道系统的保温。将保温管从适当的角度斜削开，安置在管道上，放正位置并包紧；用胶水粘牢、接紧，当整个管道系统已安装好，可以用锋利的刀将保温管纵向切开，用保温管将管子包起来。

(1) 当管子已安装好，用刀将保温管纵向切开，并包在管子上。

(2) 在切开的两面刷上胶水。

(3) 胶水干后，将切开两面用力粘牢。

(4) T型管的安装是斜削或视实际情况自由切开和45度角切开，并用胶水接紧。阀和弯管的保温方法同T型管。

2. 保温板的安装

(1) 用锋利的刀将保温板削开。

(2) 在输送管道面上刷上胶水。

(3) 将保温板盖上并用力粘紧。

(4) 在保温板的两头涂上胶水。

(5) 将输送管道的连接处包装妥当。

3. 安装原则

(1) 橡塑保温材料本身必须清洁。

(2) 所有的隔隙、接头都需要专用胶水粘接密封。

(3) 安装后所有的三通、弯头、阀门、法兰和其他附件都需达到设计厚度。

(4) 安装时先大管后小管，先弯头、三通后阀门。

(5) 安装冷冻水管和制冷设备时，管材的两端和铰管之间的空隙都需涂上专用胶水粘接起来，粘接宽度应至少等于材料厚度。

(6) 管道的隔隙口应尽量安装在不显眼处，双层包装的隔隙口应相互错开。

4. 专用胶水的正确使用

(1) 使用之前摇动容器，使胶水均匀。

(2) 将材料两端的粘接面涂上一层薄薄的、均匀的专用胶水。

(3) 专用胶水的自然干化时间为5～15min，时间的长短取决于大气的温度和湿度，裸露时间超过25min无效（"干化时间"：是指涂胶水到材料粘接之间的时间）。

(4) 使用时待胶水自然干化，正确测干方法为"手指触摸法"，用手指按胶面，当胶面无粘手的感觉时，就可进行粘接。

（5）粘接时只需将粘接口的两表面对准握紧一会儿即可。

（6）如果放置时间太长，以致两接面压在一起不具粘接时，那么请重复步骤2～5。

（7）通常，专用胶水不能在0℃以下使用，当在上述环境下工作时，请将胶水放置在温度为20℃的室内，需使用时取出。

施工过程中应注意橡塑保温材料规格应符合设计要求，粘贴应牢固、铺设应平整；无滑动、松弛与断裂现象；并且接缝应严密、无空隙；管道阀门、过滤器及法兰等部位的绝热结构应能单独拆卸，以便于操作及检查。作为粘结剂的胶水的性能应符合使用温度和环境卫生的要求；粘结材料宜均匀地涂在风管、部件或设备的外表面上，绝热材料与风管、部件及设备表面应紧密贴合，无空隙。

2.1.7 动态流量平衡阀

2.1.7.1 应用概况

（1）空调水系统为一次泵四管制，工作压力为1.05MPa。

（2）空调水系统原则采用异程式机械循环，各组合式空调机组、新风机组及风机盘管的供水上设置FLOWCON动态流量平衡阀。

2.1.7.2 空调水系统的水力平衡

在热水采暖和空调水（管网）系统中，为使水流量按设计要求合理地分配至采暖或空调末端以及每一个控制环路，满足每一栋建筑和每一个功能使用房间的冷、热负荷需求，保证理想的采暖及空调品质，同时最大限度地节约能源，冷热水的水系统在设计和运行调节中应该实现和维持完善的水力平衡，这也是我们设计成功与否的一个关键。

而目前，由于种种设计、施工和产品本身的因素，水力失调的现象还是大量存在着。为便于水系统的阻力平衡，设计者一般都尽可能采用同程式水管路系统，加大水管干管、主要支管口径，降低比摩阻的方法来消除阻力不平衡，但由于各控制环路之间的负荷及使用功能、时间差异，还是存在着阻力不平衡；而且，在实际的工程中，由于条件的限制，设计者也会采用异程式水系统，故而，水力平衡更是不可轻视。

1. 产生水力失调的原因

（1）水系统管网中存在着动态的变化，用户水流量的调节改变，将引起整个系统管网的水力不平衡。

（2）水力平衡的计算不精确，重视了最不利环路的阻力，而其他环路的资用压头大于所需值，引起水流短路，从而水系统失去平衡。

（3）水力平衡的计算虽然精确，但由于受到管径规格的限制，不可能由管径的变化来消除管路阻力的变化；同时管路中的阀门、末端装置等各部分的局部阻力可能随产品而异，施工中也可能存在问题。

（4）采暖及空调水系统并联环路之间的压力损失差值由于可以控制在：异程水系统15%～25%，同程水系统10%～15%，计算范围的差异造成水系统的失调。

（5）水泵的选型不当，造成其实际运行点偏离设计运行点。

（6）旧系统改造、逐年并网、供热供冷面积逐年扩大的管网系统，一次性的平衡计算或辅助节流孔板是行不通的，也会引起水力失调。

2. 解决水力失调的措施

(1) 安装手动调节阀（普通调节阀门、静态流量平衡阀）。在系统使用前需要进行预调节，通过专用的流量仪或压差控制器一级一级进行，同时必须保证只有上一级调试好了才能进行下一级的调试。系统的调试非常麻烦，特别是大系统。并且，调试完成以后水系统不能发生变化，否则需要重新调试，显然这是不可能的。

(2) 安装节流孔板。通过节流孔板来消除一定的压力，保持水力平衡，但此法不能完全解决水力失调现象，同时节流孔板应用也不便，孔口易堵塞，不能适应水系统的动态变化。

(3) 加大水泵的流量。这种方法使水系统处于大流量，小温差的运行状态，水泵功率大于设计功率，耗能较多，只有在不得已的情况下才可使用。

(4) 安装动态流量平衡阀。它不需要对系统进行初调节，根据设计流量和选型，对照产品图表可以一次或者自动设定流量，满足使用要求，节省设计和调节时间，水力稳定性好，调节精度维持在±5%。此类阀门在国外有30年的使用实践经验，在国内刚刚处在初使用阶段。

2.1.7.3 动态流量平衡阀的工作原理及类型

1. 动态流量平衡阀的工作原理

动态流量平衡阀从流体力学的角度看，相当于一个局部阻力可以改变的节流件，它的工作原理是通过改变阀芯的过流面积，适应阀前后的压差变化，而控制流量。对于不可压缩的流体，流量方程式为：

$$Q = C_V \cdot A \cdot \sqrt{\Delta P}$$

式中 C_V——与流体介质和阀门开度有关的流量系数；

A——阀芯的过流面积；

$\sqrt{\Delta P}$——阀前后的压差；

Q——流经阀门的流量。

对于一定的流体介质，当阀门达到某一特定的开度时，C_V 可近似恒定，其流量的恒定可以通过保持 $A \cdot \sqrt{\Delta P}$ 的乘积恒定，而动态流量平衡阀就是以此原理来进行的。

2. 动态流量平衡阀的类型

动态流量平衡阀根据自身结构和调节方式的差异，可以分为预设定流量型，手动可调节流量和电动可调节流量型三大类。

(1) 预设定流量型动态流量平衡阀

它由可伸缩改变过流面积的流量筒和调节弹簧组成，根据阀前后压差的变化自动调节流量筒的过流面积，每一流量筒都能在一较大的压差范围内通过某一特定流量。如图 2-27 所示，压差在区域 1 内，也即在控制压差范围以下时，流量筒露出最大过流面积，流量随压差呈线形变化；压差在区域 2 内，也即在控制压差范围内时，流量筒在前后压差的作用下通过弹簧的伸缩，自动改变过流面积，保持流量恒定；压差在

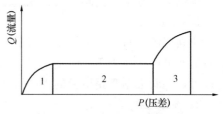

图 2-27 预设定流量型动态流量平衡阀的性能曲线

区域 3 内，也即在控制压差范围以上时，流量筒的过流面积压至最小，阀又成了一个固定开口装置，流量随压差改变，最小的过流面积避免了完全封闭时产生的盲板力，同时也保证了系统不会缺水或停车。

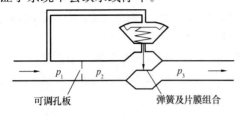

图 2-28 手动可调节流量型动态流量平衡阀

(2) 手动可调节流量型动态流量平衡阀

分为内置式和外置式两种，阀芯由一个外部可调节孔板和一个水力自动调节孔板组成。外部可调节孔板的开度借助专用工具依照设计流量并按照生产厂家提供的对应参数现场设定，即先定流量；水力自动调节孔板在前者确定和对应此流量的压差范围内，自动调整过流面积来补偿系统压力的变化，从而保持流量的恒定。

如图 2-28 所示，p_1-p_2 为孔板的压差，p_1-p_3 为阀的压差，通过改变孔板的开度限定流量，由弹簧和片膜来消除压差，维持流量恒定。

(3) 电动可调节流量型动态流量平衡阀

原理和手动型相同，区别在于：外部可调节孔板的开度根据控制器输出信号由电动执行机构来进行。其既具备电动比例积分调节阀的调节功能，又具备平衡阀恒定流量的功能，使水系统时刻保持所需流量的平衡，避免了比例积分调节阀在水力失调时流量不足，使其不能发挥其控制精度甚至失灵，同时也避免了流量随压差的波动。两种阀门的流量和压差曲线图如图 2-29 所示，通过在 25%、50%、75%、100% 的开度比较可以显而易见地看出，电动比例积分调节阀的流量随压力波动范围大，而电动可调节流量型动态流量平衡阀在其压差控制范围下流量维持不变，即它的水力稳定性好。

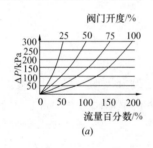
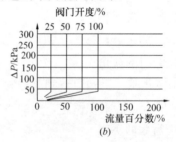

图 2-29 电动比例积分调节阀与电动可调节流量型动态流量平衡阀的性能曲线
(a) 电动比例积分调节阀的性能曲线；(b) 电动可调节流量型动态流量平衡阀的性能曲线

2.1.7.4 动态流量平衡阀的选择

选用动态流量平衡阀时，首先应进行水力计算，确定流量、压差范围和管道尺寸。

1. 流量选择

在确定流量时，如果用于定流量系统，只要按厂家提供的"流量表"中相应的最接近的数值即可；如果用于变流量系统，只要从上述表中选出最接近环路或末端最大设计流量值即可，同时根据管路口径的大小对应选择动态流量平衡阀。

2. 压差选择

对于某一特定的环路，应确定该阀门在运行过程中可能出现的最小和最大压降：最大压降通常发生在别的环路关闭时，最小压降通常发生在所有的环路全部打开。然后选择一个比计算压差波动范围大的操作范围。

在大多数的采暖和空调水系统中，压差22～440kPa是满足要求的。

3. 型号选择

根据计算出的流量和压差范围，最终选择和技术要求相符合的系列、型号和相关配件。

2.1.7.5 动态流量平衡阀的节能

动态流量平衡阀能使水系统形成真正的动态水力平衡，而水力平衡的优点最直接的体现就在节能方面。

(1) 降低采暖时建筑物中的平均室温，提高制冷时的平均室温。

图2-30中的曲线A和B分别表示系统装有动态流量平衡阀前、后的变化情况，横坐标表示室温分布，纵坐标表示建筑物中达到该室温的房间所占的百分比。从图中可以看出，平衡前只有一小部分房间的室温为要求设计的18℃，大部分房间的温度超过18℃，占最大比例的为20℃左右；平衡后，大部分房间的室温为要求的18℃，因此平衡后，室温分布范围缩小，平均室温降低，从而，不仅减少了供热量，也大大提高了供热品质；对于空调系统来讲，结果是类似的，减少制冷量，提高制冷品质。

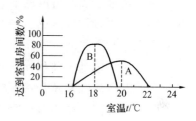

图2-30 动态流量平衡阀的节能曲线

一般来讲，对采暖系统，每增加1℃平均室温，能耗增多5%～10%；对于空调系统，每降低1℃平均室温，能耗增多10%～20%。采暖系统实现平衡后，常常可以降低平均室温1～3℃，而空调系统则可以提高平均室温1～3℃，所以平衡后能直接降低能耗5%～30%。

(2) 降低水泵能耗。

以往，对于水力失调现象，往往采用加大水泵型号，以大流量小温差来解决，同时，设计者的水泵选用型号较为保守，也往往选得较大，所有这些，导致了系统的超量运转，水泵能耗加大。采用动态流量平衡阀能较好地实现水泵在最佳工作点运行，既降低能耗，又保证了设备的经济、安全运行。特别对于并联系统的水泵来讲，通过开关水泵的台数，并不能使水系统的水量按水泵数量呈比例性改变，这可以通过水泵曲线图看到，在采用了动态流量平衡阀后，强制性改变水管路运行曲线，通过动态流量平衡阀来调整系统阻力，使水系统流量符合设计流量，当然也最大地节约了水泵的能量。参见图2-31。

(3) 保障机组的额定出力水量的偏大，导致锅炉和冷热水机组的超负荷运行；水量的偏小，又使得锅炉和冷热水机组部分负荷运行，达不到所要求的设计值，同时，机组不停的启停，对设备本身也是一种损伤。采用动态流量平衡阀可以保证机组的额定出力，使锅炉不必压火，冷热水机组不会频繁启停，另外，也不必担心机组达不到设计出力而盲目过多、过大设置机组，从而节约能耗和投资。

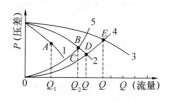

图2-31 装有动态流量平衡阀的水泵性能曲线

1—三台泵并联；2—二台泵并联；
3—单台泵；4—水管路运行曲线；
5—安装动态流量平衡阀后的调整曲线

2.1.7.6 动态流量平衡阀和静态流量平衡阀的比较

静态流量平衡阀是一个带有刻度的截止阀,在压差恒定的情况下,刻度和流量相对应,当压差变化,流量亦变,相当于一个局部阻力固定的节流元件。它的调节是借助于专用的流量测定仪表和阀体上的开度值,通过改变阀门的流动阻力,在阀前后压差满足设计的工况下,调节到设计流量。当水系统的水力工况改变使阀前后压差改变时,需重新调整。由于静态流量平衡阀只能在某一工况下平衡,不能满足空调系统的多种运行工况,所以它是一次调节成功就不能改变的平衡阀它适用于定流量的供热采暖系统。而一栋建筑物内的多楼层、多房间,使用情况千变万化,水系统的动态变化使静态流量平衡阀难以满足用户的使用和调节。更何况调试费用为设备投资的 0.3%～0.7%。

动态流量平衡阀可以克服上述缺点,根据水系统不时的压差变化而作出改变,吸收过量的压差,保证设计流量,使水系统自动达到平衡。

2.1.7.7 小结

采用动态流量平衡阀有以下几个优点:

(1) 可以真正实现水系统的水力平衡,避免了暖通工程中的水力失调现象,使用户得到理想的冷、热需求状况,特别是在装备有自动控制的环路中,如果水力不平衡,由于水量不符合设计流量,而使自控装置失灵,不能充分发挥其控制功能。

(2) 减少了设计者繁复的管路阻力计算,可使用异程式系统,节约材料和时间,加快设计速度。

(3) 水系统的平衡可使水泵、冷热水机组以最佳工作状况运行,降低耗电量。

(4) 可以一次性调试结束,无须初次系统反复调试,可以分批使用,更可以由于后期的原因改变水路设计,而不会影响其他环路的水力平衡。

(5) 动态流量平衡阀不管安装在末端的哪一侧,水力特性受影响较小,阀门的前后不需留若干倍管径的长度,水平或垂直安装对它们的功能及精度都没有影响。

由于其价格因素,装有动态流量平衡阀的水系统投资较普通空调水系统高 15%～20% 左右,应充分考虑一次投资的承受能力。若考虑使用效果和运行节能,采用动态流量平衡阀是理想的选择,同时根据其投资规模的大小,合理使用动态流量平衡阀,正常在 1～3 年内可以收回投资成本。

2.1.8 绿化屋面

楼层中的立体绿化、上人建筑屋面的屋顶花园,改善了环境条件,降低了室内能耗,又消除了屋面的热辐射。屋顶绿化不仅能增强屋顶隔热效果,也能小范围改善生态环境。夏季,拥有屋顶绿化的建筑物,其整体温度可降低 2 摄氏度;减低噪音 20～30 分贝。下雨时,50% 的雨水会滞留在屋顶上,储藏于植物的根部,日后逐步蒸发能增加空气湿度,对环境也起到了平衡作用。联合国环境署曾有研究表明,如果一个城市的屋顶绿化率达到 70% 以上,城市上空的二氧化碳量将下降 50%,热岛效应也会消失。有专家预测,如果把北京市的屋顶都绿化起来,北京将增加 50% 的绿地面积,空气中二氧化碳量将比绿化前降低 85%。

屋面保温采用自重轻、导热系数小、保温隔热性能好的挤塑聚苯板,既有利于楼板保温隔热,也有利于楼板隔声。

2.1.9 节能灯具

2.1.9.1 应用概况

本工程室内广泛采用节能灯具，室外泛光照明采用能耗极低的 LED 灯，有效地节约电能。

2.1.9.2 产品原理与特点

LED 是由半导体材料所制成的发光组件，组件具有两个电极端子，在端子间施加电压，通入极小的电流，经由电子电洞的结合可将剩余能量以光的形式激发释出，此即 LED 的基本发光原理。

LED 产品经封装后耐震性佳，组件寿命长可达十万小时以上，比寿命约一千小时的钨丝灯泡或约五千小时的日光灯高出甚多。可见光 LED 以显示用途为主，且以亮度 1 烛光作为一般 LED 和高亮度 LED 之分界。由于其发光原理、结构等皆与传统钨丝灯泡不同，具有体积小、可大量生产、高可靠度、可视性极佳、耐冲撞、颜色多、容易配合应用上的需求制成极小或数组式大型组件等优点，适合做室内或室外大型显示屏幕，再加上没有灯丝，耗电量小，无须暖灯时间，产品反应速度快，故可广泛应用于汽车、通讯、消费性电子及工业仪表等各种不同领域中。

2.1.9.3 与日光灯、白炽灯的比较（表 2-32）

LED 与日光灯、白炽灯的比较　　　　表 2-32

比较项目	白光 LED	日光灯	白炽灯泡
反应时间	<1s	<60s	<150s
发光现象	晶粒冷发光	汞气体发光	加热发光
发光方向	可依需要设计	发散	发散
寿命	约 60000h	约 6000h	约 1000h
耗电量	10%	50%	100%
耐震动性	强（固体）	弱（气体加液体）	弱（易碎）
缺点	价格高、亮度不足、技术未成熟	汞污染、易碎	高耗电、寿命短、易碎

如上表，高亮度单色光的 LED 尽管与传统的灯泡相比更加昂贵，但是它们的优点完全可以抵消其较高的价格，即它具有更高的性价比。首先，一个红色 LED 发光达到某个亮度时所需消耗的能量是 15W，而传统的灯泡要达到同等亮度则要消耗高达 150W 的能量；另外据科学家们测定，LED 通电发光时，有 10% 的电能可以转化成光能，而白炽灯泡的转化效率只有 7%～8%，由此可见，要达到同等的照明效果，LED 灯比白炽灯节能是显而易见的了。

2.2 节地重点技术

2.2.1 立体车库

2.2.1.1 应用概况

地下三层、地下二层汽车库采用多段式立体停车技术，3 个车位的面积可以停放 5 辆车，共设置车位461个，有效利用空间，节省占地。

2.2.1.2 运行原理

升降横移类机械式停车设备（图2-32）：采用以载车板升降或横移存取车辆的机械式停车设备。本设备的上层载车板可做垂直升降运动，而下层载车板可做左右横移运动。每组车位在下层设置一个横移空位，上层车位出车，则移动该车位下层车位，使之变成空位，上层下降到地面便可出车。下层车辆可以直接开走。

2.2.1.3 产品特点

特点：由于型式比较多，规模可大可小，对地的适应性较强，因此使用十分普遍。钢结构部分、载车板部分、链条传动系统、控制系统、安全防护措施等。在停车设备的市场份额约占70%。

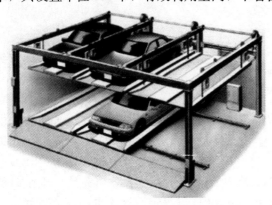

图2-32 升降横移类机械式停车设备示意图

不足点：每组设备必须留有至少一个空车位；链条牵动运行过程不具有防止倾斜坠落功能。

2.2.2 轻质砂加气混凝土砌块

2.2.2.1 应用概况

室内填充墙砌体采用伊通轻质砂加气混凝土砌块，保温隔热节能效果好，又能节约耕地资源。

2.2.2.2 性能与特点

轻质砂加气混凝土砌块作为一种高科技绿色产品被广泛应用于住宅、办公、商业、厂房等各类工业与民用建筑物的内外墙体、楼板和屋面等建筑结构中。轻质砂加气混凝土砌块产品具有以下特殊性能：

1. 质轻

轻质砂加气混凝土砌块的绝干密度为400~650kg/m^3，为红砖的1/3，混凝土的1/4。因此，可以有效地减轻建筑物的自重，减少基础和结构投入，降低施工时的劳动强度。

2. 保温性

轻质砂加气混凝土砌块做外围护结构时，不用辅助保温材料就能满足各国严格的保温节能要求。用4~5cm的轻质砂加气混凝土砌块产品能达到一砖墙的保温效果，用7~8cm的轻质砂加气混凝土砌块能达到一砖半墙的保温效果。因此，轻质砂加气混凝土砌块既是结构材料，又可将其视作"保温材料"。

3. 抗渗性

轻质砂加气混凝土砌块内部小孔均为独立的封闭孔，直径约为1~2mm，能有效地阻止水分扩散。同时，轻质砂加气混凝土砌块独特的施工工艺技术，能有效地防止板缝和砌筑灰缝渗水。研究表明，当采用普通外粉刷时，轻质砂加气混凝土砌块墙体的抗渗性比黏土砖墙体高85%。

4. 防火性能

轻质砂加气混凝土砌块产品本身是无机不燃材料。实验表明,轻质砂加气混凝土砌块是理想的防火材料,10cm 厚墙体的防火能力可达 4h 以上。因此,轻质砂加气混凝土砌块被广泛用作防火墙。

5. 隔音性好

根据墙体厚度和表面处理方式不同,轻质砂加气混凝土砌块墙体可隔声 30～60dB。同时由于轻质砂加气混凝土砌块多孔的特性,它也是一种良好的吸音材料。

6. 尺寸精确

轻质砂加气混凝土砌块先进的生产工艺和设备保证了产品外形尺寸的精确性,产品的长、宽、高方向上的误差在±1.0mm,使薄层砂浆的应用成为可能。产品上的凹凸槽保证了施工时墙体尺寸的精确性。

7. 强度高

由于尺寸精确、六面切割和使用薄层砂浆砌筑,使强度利用系数大为提高。砌块的砌体强度约为砌块本身强度的 80%(红砖仅为 30%)。板材可根据设计要求配置钢筋,满足各种荷载要求。

8. 施工便捷

一块轻质砂加气混凝土砌块相当于 18 块红砖,并可连续砌筑,不受一次砌筑的高度限制,可大大提高施工速度,降低劳动力成本。轻质砂加气混凝土砌块易于加工,可锯、钻、钉、挂、镂等,使管线埋设等安装工程和住宅的二次装修更为便捷。此外,施工作业均为干法作业,有利于施工单位提高现场管理水平。

9. 经济性

由于轻质的性能,使建筑物重量减轻,可大大降低基础和结构处理的费用。由于其高精度,表面可以直接做批土,减少表面粉刷所用材料和人工;在达到同样的建筑结构效用时,轻质砂加气混凝土砌块使用的厚度相对较小,可提高建筑利用系数,增加使用面积;由于其保温性能好,可大大降低建筑物运行成本。

10. 绿色环保性

轻质砂加气混凝土砌块原材料均为地球贮存丰富的天然材料,在生产、运输和使用过程中不产生任何污染,生产能耗和使用能耗都很低,同时,在使用中不会对人体产生任何危害(区别于那些有放射性和化学危害的建材),是一种优良的绿色建材产品。

2.2.2.3 材料

1. 砌块

砌块强度等级必须符合设计规定,外观质量、块型尺寸允许偏差应满足表 2-33 和表 2-34 的要求。

砌块的规格尺寸(mm)　　　　表 2-33

尺寸	有槽砌块	无槽砌块
长度 L	600	600
厚(宽)度 B	150, 200, 250, 300	50, 75, 100, 120, 200, 240
高度 H	250	250

砌块尺寸偏差和外观质量指标　　　　　　　　表 2-34

项　　目		指　　标
尺寸允许偏差 mm	长度 L	±2
	厚（宽）度 B	±2
	高度 H	±2
缺棱掉角	处数≤	2
	最大、最小尺寸（mm）≤	70，30
平面弯曲（mm）≤		3
油污		不得有
裂纹	条数≤	1
	任一面上的裂纹长度不得大于裂纹方向尺寸的	1/3
	贯穿一棱二面的裂纹长度不得大于裂纹所在面的裂纹方向尺寸总和的	1/3
爆裂、粘模和损坏深度（mm）≤		20
表面疏松、层裂		不允许

砌块砌筑必须使用伊通砌筑专用粘结剂（以下简称粘结剂），其产品质量应符合表 2-35 的要求。

2. 粘结剂

粘结剂主要技术指标见表 2-35：

粘结剂主要技术指标　　　　　　　　表 2-35

项　　目	技　术　指　标
外观	粉体均匀、无结块
抗压强度（MPa）	5.0~12.0
抗折强度（MPa）	≥1.7
保水性指标（mg/cm^2）	≤12
流动度（mm）	120~150

3. 批嵌材料

墙面批嵌应采用伊通专用批嵌材料，其产品质量应符合表 2-36 要求。

批嵌材料主要技术指标　　　　　　　　表 2-36

项　　目	技　术　指　标
外观	粉体均匀、无结块
抗拉粘接强度（MPa）	≥0.3
保水性指标（mg/cm^2）	≤12
流动度（mm）	120~150

4. 界面剂

界面剂的质量除应符合其产品质量标准外，还应符合表 2-37 的要求。

界面剂主要技术指标　　　　　　　　表 2-37

项　　目	技　术　指　标
外　观	粉体均匀、无结块
压剪胶接强度（原强度）（MPa）	≥1.0
压剪胶接强度（耐冻融）（MPa）	≥0.7
保水性指标（mg/cm^2）	≤12
流动度（mm）	120~150

5. 其他

安装门窗用的锚栓、PU发泡剂、建筑密封胶、发泡结构胶和瓷砖粘合剂等配件与材料的质量应符合有关部门批准的现行相关产品的标准。

2.2.2.4 砌块施工

1. 砌块砌筑

（1）砌块应堆置于室内或不受雨雪影响的干燥场所。施工时含水率宜小于等于15%。

（2）切割砌块应使用手提式机具或相应的机械设备。

（3）粘结剂应使用电动工具搅拌均匀。拌合量宜在4h内用完为限。

（4）砌筑前，应先按设计要求弹出墙的中线、边线与门洞位置。

（5）使用粘结剂施工时，不得用水浇湿砌块。

（6）砌筑时，应以皮数杆为标志，拉好水准线，并从房屋转角处两侧与每道墙的两端开始。

（7）砌筑每楼层的第一皮砌块前，应先用水润湿基面，再施铺M7.5水泥砂浆，并在砌块底面水平灰缝和侧面垂直灰缝满涂粘结剂后进行砌筑。

（8）第二皮砌块的砌筑，必须待第一皮砌块水平灰缝的砌筑砂浆凝固后方能进行。

（9）每皮砌块砌筑前，宜先将下皮砌块表面（铺浆面）以磨砂板磨平，并用毛刷清理干净后再铺水平、垂直灰缝处的粘结剂。

（10）每块砌块砌筑时，宜用水平尺与橡皮锤校正水平、垂直位置，并做到上下皮砌块错缝搭接，其搭接长度一般不宜小于被搭接砌块长度的1/3，且不得小于100mm。

（11）墙体转角和纵横墙交接处应同时砌筑。临时间断处应砌成斜槎。斜槎水平投影长度不应小于高度的2/3。接槎时，应先清理槎口，再铺粘结剂接砌。

（12）砌块水平灰缝应用刮勺均匀施铺粘结剂于下皮砌块表面；砌块的垂直灰缝可先铺粘结剂于砌块侧面再上墙砌筑。灰缝应饱满，并及时将挤出的粘结剂清除干净，做到随砌随勒。灰缝厚度和宽度应为2~3mm。

（13）砌上墙的砌块不应任意移动或受撞击。若需校正，应重新铺抹粘结剂进行砌筑。

（14）墙体砌完后必须检查表面平整度，如有不平整，应用钢齿磨板和磨砂板磨平，使偏差值控制在允许范围内。

（15）墙体水平配筋带应预先在砌块水平灰缝面开设通长凹槽，置入钢筋后，应用M7.5水泥砂浆填实至槽的上口平。

（16）砌块墙体与钢筋混凝土柱（墙）相接处应设置伊通砌块专用连结件（以下简称L型铁件）或拉结钢筋进行拉结，设置间距应为两皮砌块的高度。当采用L型铁件时，砌块墙体与钢筋混凝土柱（墙）间应预留10~15mm的空隙，待墙体砌筑完成后，该空隙用PU发泡剂嵌填；当采用拉结钢筋拉结时，其埋设方法同上条水平配筋带。

（17）砌块墙顶面与钢筋混凝土梁板底面间应预留10~25mm空隙，空隙内的充填物宜在墙体砌筑完成后14d进行。嵌填时应在墙顶正中部位设通长PE棒，棒的两侧用PU发泡剂或M5.0水泥粗砂浆嵌平实。当砌块墙高度大于4m且长度大于5m时，墙顶部应用射钉弹将L型铁件与梁底或板底固定。

（18）厨房、卫生间等潮湿房间的砌块墙体应砌在高度不小于200mm的钢筋混凝土楼板的四周翻边上或相同高度的混凝土导墙上。墙体第一皮砌块的砌筑要求应同前条，并应做好墙面防水处理。

（19）砌块墙体的过梁应采用与砌块配套的伊通过梁，也可用钢筋混凝土过梁或钢筋砌块过梁。但钢筋混凝土过梁宽度宜比砌块墙两侧墙面各凹进5～10mm。

（20）砌筑时，严禁在墙体中留设脚手洞。

（21）墙体修补及孔洞堵塞宜用专用修补材料修补；也可用砌块碎屑拌以水泥、石灰膏及适量的建筑胶水进行修补，配合比为水泥：石灰膏：砌块碎屑＝1：1：3。

2. 墙与门窗樘连接

（1）木门樘安装，应在门洞两侧的墙体中按上、中、下位置每边砌入带防腐木砖的C15混凝土块，然后可用钉子或其他连接件固定。木门樘与墙体间空隙应用PU发泡剂封填。

（2）内墙厚度等于或大于200mm时，木门樘可用尼龙锚栓直接固定，但锚栓位置宜在墙厚的正中处，离墙面水平距离不得小于50mm。

（3）安装特殊装饰门，可用发泡结构胶固定木门樘。

（4）安装塑钢、铝合金门窗，应在门窗洞两侧的墙体中按上、中、下位置每边砌入C15混凝土块，然后宜用尼龙锚栓或射钉弹将塑钢、铝合金门窗连接铁件与混凝土块固定，并在连接铁件内填充PU发泡剂。门窗樘与墙体粉刷层接合处应以建筑密封胶封口。

3. 墙体暗敷管线

（1）水电管线的暗敷工作，必须待墙体完成并达到一定强度后方能进行。开槽时，应使用轻型电动切割机并辅以手工镂槽器。凿槽时与墙面夹角不得大于45°。开槽的深度不宜超过墙厚的1/3。

（2）预敷在楼地面中的管线露出地面部分的垂直段高度宜低于一皮砌块的高度。

（3）敷设管线后的槽应用1：3水泥砂浆填实，宜比墙面微凹2mm，再用粘结剂补平，并沿槽长外贴大于等于200mm宽玻璃纤维网格布或钢丝网增强。

2.2.2.5 验收

（1）墙面应平整、干净，灰缝处无溢出的粘结剂。

（2）砌体灰缝应饱满，其厚度（宽度）为2～3mm。

（3）上下皮砌块错缝搭接长度小于100mm的面积不得大于该墙体总面积的20%。

（4）砌块墙体的允许偏差应符合表2-38的规定。

砌块墙体的允许偏差　　　　　　　　　　　表2-38

序号	项目		允许偏差（mm）	检验方法
1	轴线位置偏移		10	用经纬仪或拉线和尺量检查
2	基础顶面或楼面标高		±15	用水准仪和尺量检查
3	墙体厚度		±2	用尺量检查
4	垂直度	每层	5	用线锤和2m托线板检查
		全高 ≤10m	10	用经纬仪或吊锤挂线和尺量检查
		全高 >10m	20	
5	表面平整度		6	用2m靠尺或塞尺检查
6	外墙上、下窗口偏移		18	用经纬仪或吊线检查
7	门窗洞口（后塞框）	宽度	±5	用尺量检查
		高度	±5	

(5) 装饰工程质量验收要求应按现行国家标准执行。

(6) 当墙体采用水泥石灰混合砂浆砌筑时,应按照《蒸压加气混凝土应用技术规程》(JGJ 17) 验收。

2.3 节材重点技术

2.3.1 模块式活动隔断

调度、办公区域隔墙采用可拆装模块式隔断(图 2-33),模板尺寸 3300mm×3300mm×94mm,可根据房间分隔的需要,灵活拆除,重新布置,有利于在今后平面布置调整时减少不必要的装修材料损耗。

2.3.2 高性能混凝土

2.3.2.1 应用概况

本工程地基与基础混凝土工程量 29789.5m³,主体混凝土工程量 25318m³。

1. 高抗渗等级

地下室外墙采用防水密实性混凝土 C40,抗渗等级:地下三层 P16(1.6MPa);地下二层 P12(1.2MPa);地下一层 P8(0.8MPa)。

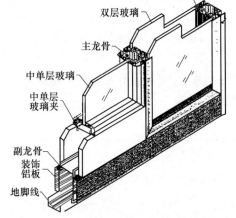

图 2-33 可拆装模块式隔断构造示意

2. 微膨胀剂 ZY

基础底板预设五条后浇带(长度方向设一条,宽度方向设四条),将整个基础底板分隔成十个小矩形,每小块需混凝土约 1500m³。底板混凝土强度等级为 C40,强度按 60d 进行验收,抗渗强度等级 P16,掺 6%ZY 膨胀剂,采取泵送工艺,施工坍落度为 120mm。

3. 自密实混凝土

工程西北部下沉式广场上部型钢混凝土梁式结构转换层(1)~(7)/(A)~(G)轴间 3 层梁板采用自密实混凝土。

2.3.2.2 技术措施

1. 原材料的选择

(1) 水泥采用新都水泥厂转窑生产的普通 42.5 水泥。采用转窑 42.5 水泥一方面可减少水泥用量,降低混凝土的水化热,另一方面,水泥质量比较稳定,可保证强度达到设计要求。

(2) 膨胀剂采用中岩公司生产的 ZY。掺加膨胀剂后可使混凝土具有微膨胀性,补偿混凝土的部分收缩,提高混凝土的防渗抗裂性能。

(3) 矿粉采用杭州高强微粉厂生产的 S95 级矿粉。掺加适量的矿粉,一方面可以等量取代部分水泥,降低混凝土的水化热;另一方面,利用矿粉的超细颗粒可使混凝土更加致密,同时,根据我们的试验,掺加矿粉后可以使 ZY 的膨胀效果更加有效,提高混凝土的抗渗防裂性能。

（4）粉煤灰采用杭州半山电厂生产的Ⅱ级磨细粉煤灰。掺加Ⅱ级磨细粉煤灰，可以超量取代部分水泥，降低混凝土的水化热，改善混凝土的工作性能；同时利用粉煤灰的活性效应使混凝土更加致密，提高混凝土的抗渗防裂性能。

（5）外加剂采用本公司外加剂厂生产的 SP403 高效泵送剂。掺加 SP403 后，一方面根据它的高效减水性能，减少用水量，降低水泥用量，从而降低混凝土的水化热；另一方面，利用它的缓凝作用，可延缓混凝土的凝结时间，使混凝土的初凝时间达到 8h 以上，减少浇捣过程中出现施工缝的可能性。

（6）砂采用桐庐采挖的优质中粗砂，细度模数不小于2.3，含泥量小于3％，泥块含量小于1％。石子采用由5～16mm 及 16～31.5mm 两个级配组成的连续规格的碎石，含泥量不大于1％。

2. 配合比的优化

由于本工程的地下室底板采用 C40 强度等级，用 42.5P.O 水泥，混凝土的水灰比采用 0.45，掺加 SP403 外加剂后，基准水泥用量为 424kg。从减少混凝土的水化热、减少混凝土的收缩角度出发，掺加膨胀剂 ZY，活性掺合料，以减少水泥用量。最终配合比结果如表 2-39 所示：

最终配合比结果　　　　　　　　　　　　　表 2-39

材料名称	水泥	膨胀剂	矿粉	粉煤灰	外加剂	水	砂	石
品种规格	42.5 P.O	ZY	S95	Ⅱ级	SP403	—	中砂	5～31.5
基准比例	0.64	0.06	0.20	0.10	2％	0.45	1.48	2.37
每方用量（kg）	282	26	85	46	8.78	191	651	1042

自密实混凝土配合比如表 2-40 所示：

自密实混凝土配合比　　　　　　　　　　　表 2-40

材料名称	水泥	矿粉	外加剂	水	砂	石1	石2
品种规格	新都 42.5 P.O	高强 S95	SP403	饮用水	桐庐中砂	闲林 5～16	闲林 5～25
基准比例	0.80	0.20	2.2％	0.43	1.75	0.94	0.94
每方用量（kg）	364	92	8.96	186	784	486	486
含水率				4％	0.5％	0.5％	

3. 质量保证措施

（1）严格把好原材料质量关。

1) 水泥：其质量应符合 GB 175—2007 规定，进厂水泥须随车提供质保单，由材料设备科负责收取并及时送试验室审核，同时需按批取样抽检其安定性及强度等级，不合格水泥不得进库使用。

2) 砂石骨料：黄砂质量应符合 JGJ 52—2006 标准规定，含泥量不得大于2％，细度模数不得小于 2.3，碎石质量应符合 JGJ 53—2006 规定和技术措施的要求，严禁超大粒径石子进入堆场，供应前由试验室定期取样检验。

3）膨胀剂：质量需符合《混凝土膨胀剂》JC 476—2001 的规定，进厂需提供质保单，由材料设备科负责收取并取样送试验室审核和复检，严禁不合格品使用。

4）矿粉和粉煤灰：质量需分别符合 GB/T 18046—2000 规定的 S95 级矿渣粉标准及 GB/T 1596—2005 规定的Ⅱ级磨细灰的标准，由材料科负责收取质保书并取样送检。

5）外加剂：质量需符合《混凝土外加剂》GB 8076—97 各项指标，由材料科负责收取质保书并取样送检。

6）供应前须对搅拌楼称量系统的计量精度作一次标定，合格后方可投产。

(2) 混凝土质量控制

1）每工作班应在检查原材料质量的基础上确定混凝土配合比，并由试验室主任负责审核，在混凝土配合比输入电脑后，生产前复核审定。

2）严格控制好出厂混凝土坍落度，试验室按规定做好厂内及现场的坍落度测试工作。

3）混凝土抗压试块在每次供应量小于 1000m^3 时按每拌制 100m^3 成型一组，大于 1000m^3 时，按每拌制 200m^3 成型一组；混凝土抗渗试验，要求按每拌制一次制作抗渗试块一组。

4）试验室值班人员应对搅拌楼进行巡回检查，发现质量问题及影响质量的隐患应立即督促整改，并做好试验室值班记录。

5）现场联络员及时反馈现场混凝土的供应和质量情况，并做好现场值班记录。

6）生产过程中严格把好"五关"，控制"三不准"，杜绝违章作业。

(3) 生产供应措施

1）供应时间：第一次供应预计在 12 月下旬，计划每小时供应 50m^3。

2）生产安排和车辆配置：本工程商品混凝土由闲林搅拌站供应为主，四堡搅拌站备用。施工现场配备两台混凝土泵，计划每台泵每小时送混凝土 25m^3，安排混凝土输送车 10～15 辆，具体根据供应时的情况进行调整。

3）供应前准备：

①对搅拌车及泵车早安排落实，并进行一次全面检修，消除隐患，确保运行正常，备足易损部件配件。

②专门配备一辆抢修车及维修人员，一旦车辆发生故障，务必及时抢修，尽快恢复运行。

③对搅拌楼的上料、计量、搅拌、出料设备及控制室进行一次全面的检查维修，以确保供应过程中连续正常运行。

④安排调配好劳动力，需做到既保证连续工作需要，交接班衔接正常，又要尽量少加班加点，避免过度疲劳，确保职工身体健康，安全生产。

2.3.3 钢筋镦粗直螺纹连接技术

2.3.3.1 应用概况

本工程结构钢筋直径大于等于 25mm 采用等强镦粗直螺纹连接。

2.3.3.2 工艺原理

钢筋等强镦粗直螺纹连接是我国近期开发成功的新一代钢筋机械连接技术。它通过对钢筋端部冷镦扩粗、切削螺纹，再用连接套筒对接钢筋。这种接头综合了套筒挤压接头和锥螺纹接头的优点，具有接头强度高、质量稳定、施工方便、连接速度快、应用范围广、综合经济效益好等优点，具有很强的推广应用价值。

2.3.3.3　施工准备

1. 材料

带肋钢筋符合现行国家标准《钢筋混凝土用热轧带肋钢筋》GB 1499 的要求。

套筒具有出厂合格证。在运输和储存中，应按不同规格分别堆放整齐，不得露天堆放，防止锈蚀和污染。

2. 机具设备

镦粗钢筋直螺纹连接技术包括镦粗机、直螺纹车丝机、管子钳、塑料保护帽等。

3. 作业条件

(1) 现场作业的操作人员经过技术培训，熟悉工作设备性能、加工要求，经考核合格后才能上机操作。

(2) 在使用前，技术人员仔细检查镦粗机液压表运行正常，钢模推进推出顺滑，套丝机的冷却润滑液的液压高度和水泵工作情况良好，确保一切正常后进行施工。

(3) 检查镦头的尺寸和切削螺纹的刀片规格，确保符合加工钢筋尺寸。

(4) 每个钢筋制作前事先检查钢筋端面是否平整，不符合要求的须切头后才能上机加工。

2.3.3.4　操作工艺

等强直螺纹接头制作工艺分下列三个步骤：

(1) 钢筋端部镦粗；

(2) 切削直螺纹；

(3) 用连接套筒对接钢筋。

2.3.3.5　质量要求

(1) 钢筋镦粗部位的外直径尺寸和长度均符合要求，不得有与钢筋轴线相垂直的横向表面裂缝。

(2) 逐个检查丝头的加工质量，每加工 10 个丝头环视检查一次，剔除不合格的丝头。

(3) 同一施工条件下采用同一批材料的同等级、同型号和同规格接头，500 个为一个验收批进行检验与验收，不足 500 个也作为一个验收批。

2.3.3.6　应用效果

1. 特点

通过实践，此种连接技术具有如下优点：

(1) 强度高：镦粗段钢筋切削螺纹后的净截面积仍大于钢筋原截面积，即螺纹不削弱截面，从而可确保接头强度大于钢筋母材强度。

(2) 性能稳定：接头强度不受扭紧力矩影响，丝扣松动或少拧入 2～3 扣，均不会明显影响接头强度，排除了工人素质和测力工具对接头性能的影响，比锥螺纹接头稳定得多。

(3) 连接速度快：直螺纹套筒比锥螺纹套筒短 40% 左右。且丝扣螺距大，拧入扣数少，不必用扭力扳手，加快连接速度。

（4）应用范围广：对弯折钢筋、固定钢筋、钢筋笼等不能转动钢筋的场合也可方便地使用。

（5）便于管理：锥螺纹接头应用中曾多次发现不同直径钢筋混用一种连接套的情况，尤其在夜间或昏暗环境下不易发现，直螺纹接头不可能出现这类情况。

2. 经济性

（1）与套丝锥螺纹接头比较

同为螺纹连接，锥螺纹接头的接头抗压强度与母材抗压强度实测值之比为85%～93%，属于B级接头。而直螺纹接头能充分发挥钢筋母材强度，连接套筒的设计强度大于等于钢筋抗拉强度标准值的1.2倍。（直螺纹接头标准套筒的规格、尺寸见表2-41）。我们对不同直径规格的Φ级钢筋进行了等强直螺纹接头的型式检验，试件的检验结果均超过了行业标准中A级接头的性能要求。实际上试件均断于钢筋母材，达到了等强级标准。

标准套筒规格、尺寸（mm）　　　　表2-41

钢筋直径	套筒外径	套筒长度	螺纹规格
28	43	56	M32×3.0
32	49	64	M36×3.0
40	61	80	M45×3.5

因此在力学性能上，直螺纹连接要明显好于锥螺纹连接。由于直螺纹套丝的切削力小于锥螺纹套丝，因此，提高了刀具的使用寿命。在正常情况下，一付刀具能加工800～1000个丝头，比锥螺纹提高数倍，大大降低了生产成本。同时，在同样规格情况下，直螺纹套筒的钢材使用量要比锥螺纹套筒减少25%左右，套筒的加工也比锥螺纹容易。总体来说，直螺纹连接的生产成本与锥螺纹相差不大，但因镦粗直螺纹现场连接施工的便利（钢筋不旋转，仅旋转套筒即可实现连接），突破了原有锥螺纹连接技术的使用范围。

（2）与套筒挤压接头比较

以Φ36钢筋为例，镦粗直螺纹接头目前的费用低于同规格套筒挤压接头的费用（表2-42），而施工的方便程度和工效则明显好于套筒挤压连接，钢筋直径越大，这种差别就越明显。

冷镦粗直螺纹接头和冷挤压接头的费用　　　　表2-42

消耗 \ 工艺名称	冷镦粗直螺纹接头	冷挤压接头
工模具消耗（元/每副接头）	0.16～0.24	0.12～0.2
动力消耗（元/每副接头）	0.1	2.1
接头（kg）	0.7	2.2

（3）总体经济效益

纵观目前国内常用的钢筋连接技术，镦粗直螺纹连接具有很好的性能价格比，推广前景广阔，经济效益明显。

2.3.3.7 体会

工程实践证明，钢筋等强镦粗直螺纹接头性能十分稳定、操作简单、工效高，平均每台班可加工500个丝头。而接头价格适中，目前大体上与钢筋挤压连接持平，大直径钢筋还可便宜20%左右，随着用量增加，成本还能进一步降低。

这项新技术给我们带来的直接和间接技术经济效益是十分明显的，不仅是钢筋工程的质量提高，大大增强了抽检合格率和结构的防灾能力，更是方便施工，提高速度。钢筋的直螺纹连接把接头的可靠性、方便性和经济性三者有机地结合在了一起，代表了我国当前钢筋机械连接的先进水平。

2.3.4 虹吸式有压雨水排放系统

2.3.4.1 应用概况

（1）本工程采用了吉博力虹吸式雨水排放系统，即压力流雨水排放系统，该系统在设计中有意造成悬吊管内负压抽吸水流作用，具有泄流量大、耗费管材少、节约建筑空间等优点。具体构造详见图2-34、图2-35和图2-36。

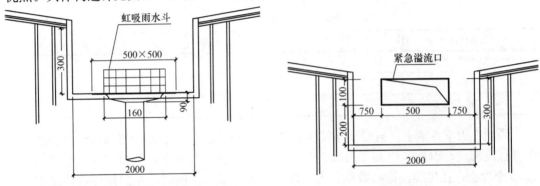

图2-34 虹吸式雨水斗及天沟尺寸示意图　　图2-35 紧急溢流口做法大样图

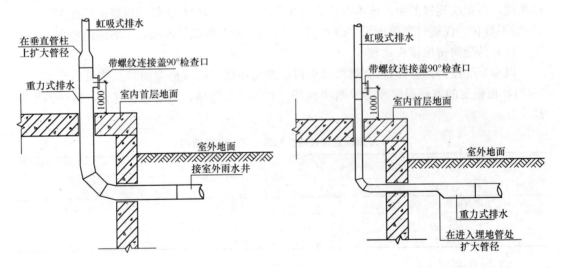

图2-36 虹吸式排水系统接室外雨水井示意图

（2）雨水重现期根据国家设计规范按杭州地区5年计算，$q_5=4.740/s\times100m^2$。

（3）该虹吸式雨水系统，采用吉博力HDPE管道，设计最大负压大于－0.80MPa。

（4）虹吸式雨水斗之间的距离不得大于20m，斗间压差小于0.10MPa。

（5）该设计管道雨水最低充满度为60%，最小管径为De50mm，最大管径为

De160mm（均为外径）。

（6）在虹吸式排水系统中，控制埋地管流速小于 1.8m/s。

（7）距屋内首层地面 1.0m 高处设置雨水检查口，出户管设计标高为 —1.200m。

（8）虹吸雨水系统天沟无需做坡度，应保证水平，雨水斗周围的集水深度为 30mm，天沟最小尺寸：$B \times H = 600mm \times 300mm$。

（9）屋面天沟雨水斗预留孔尺寸为 160mm 圆孔，天沟端部须设置溢水口为 500mm×100mm。

2.3.4.2 系统简介

1. 简介

长久以来，人们对于传统的屋顶雨水排放的认识仅限于那些悬挂在房屋外深褐色的铸铁管。而从过去的建筑发展水平，相对于面积较少的屋顶来说，似乎传统的带有一定坡度的，气水混流的，重力流屋顶雨水排水方式已能应付一般的场合。

但随着近几十年里科学技术的迅猛发展，建筑业也同样面临着一场从观念、技术到材料的大变革。人们对建筑的实用性、美观性、科学性提出了新的要求，出现了一些大面积的平屋顶，各式各样形状及材料的屋顶。十分明显的是，屋面雨水排水系统技术也亟待有一个更行之有效，更具先进性的工艺系统的出现以跟整个大环境相协调。

2. 传统的屋面重力流排水方式

传统的屋面重力流排水原理是基于利用屋面结构上的坡度，水自然流入屋面上的雨水斗，然后水以气水混合的状态依靠重力作用顺着立管而下，详见图 2-37。整个系统的水力计算依靠人工手算为主，又由于是气水混合流，所以管径计算都放大。同时由于屋顶排水本身要求管道具有一定的坡度，受屋顶结构的限制，如要有效的排水，需增加雨水斗及相应的排水立管，这些大量的立管最后汇集起来，排入城市雨水管网。在中国，传统的屋面雨水排放系统采用铸铁管，白铁皮水泥石棉管。雨水斗采用 65 型及 79 型，整个安装过程都采用人力为主。

总之，传统的重力流排水方式耗材、耗力、地下开挖范围大，极不方便。

3. 虹吸式屋面雨水排放系统原理

虹吸式屋面雨水排放系统的原理就是借助精确的电脑设计，及能实现气水分离的特殊的雨水斗设计，从而使雨水管最终达到满流状态，当管中的水呈压力流状态时，虹吸作用就产生了，详见图 2-38。在降雨过程中，由于连续不断的虹吸作用，整个系统得以令人惊奇的快速排放屋顶上的雨水。

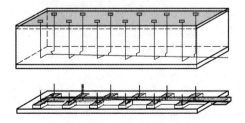

图 2-37　传统排水系统
传统系统的需要：—带坡度的雨水收集管；
—大量的立管；—广泛的埋地工作

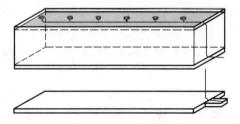

图 2-38　虹吸式雨水排放系统
pluvia 系统：—无坡度；—少量的立管；
—较小的埋地工作

4. 雨水斗、管材及配件

吉博力标准屋顶雨水斗有三种：一种最大排水量为6L/s，一种最大排水量为12L/s，一种最大排水量为25L/s。

一般来说，雨水斗的设计是整个虹吸系统的关键所在，吉博力公司的专家对此不断推陈出新，目前已向市场推出了最新的第7系列产品，新产品的稳流性更好，泄水量更大，并且它的最大优点在于对于不同功能及材料的屋顶系统，产品具有广泛的适用性。换句话说，一种雨水斗通过与相应的配件组合就能适合不同的屋顶，例如：混凝土屋顶、金属屋顶、木屋顶、考虑人行走或绿化的屋顶、屋面不平呈梯形结构的屋顶等。

标准型的雨水斗（图 2-39），它是由雨水斗底座（PP材料）、碟片（ASA）、格栅顶盖（PP）、绝缘底座、固定件、防火保护帽组成。另外根据需要可提供通用型的法兰片、焊接片、微型加热电圈等配件。所有的产品和配件安装方便，保养维修简单。

图 2-39 雨水斗

（1）雨水斗的安装技术要求

1）吉博力雨水斗安装离墙至少1.0m。

2）雨水斗之间的距离不能大于20m。

3）平屋顶上如果是砂砾层的，在雨水斗格栅顶盖周围的砂砾厚度不能大于60mm，最小颗粒直径必须大于15mm。

4）雨水斗是安装在金属檐沟内，如用12L/s的雨水斗，檐沟的宽度至少是600mm，如是25L/s的雨水斗，檐沟宽度至少为650mm。应尽可能地加宽檐沟的宽度。

5）值得注意的是，根据不同的屋顶结构，吉博力雨水斗的安装，配备有不同的安装指南。

以下是雨水斗的示意图详见图 2-40。

（2）管道及配件

虹吸式屋面雨水排放系统中使用的管材，必须采用HDPE（高密度聚乙烯）管道。管道的直径为32～315mm，单位长度为5m，管材密度在955kg/m^3，比水还轻。管配件除了通常的束节，检查口短管，450、900、1350的管头外，还提供伸缩管接头、防火套管等。它的显著优点在于：

1）在外荷载作用下，管材不会破裂。能抵抗压力冲击，减少水锤冲击破坏。

2）管子可根据需要，采用不同的连接方法：对焊、电焊管箍连接、法兰连接、伸缩管接头，HDPE管还可和钢管、铸铁管、陶管等连接。管子连接方便、灵活，配有专用工具。

3）HDPE管是在特殊工艺条件下经过回火处理生产的，材料本身的张力在制造过程中已消减，所以成品以后可能产生的收缩微变不会有任何危害。

4）防腐能力极强，不受各种酸、碱、盐所引起的化学反应的影响。

5）HDPE管比金属管更耐磨损。

6）HDPE管抗极端温度在−30～100℃。

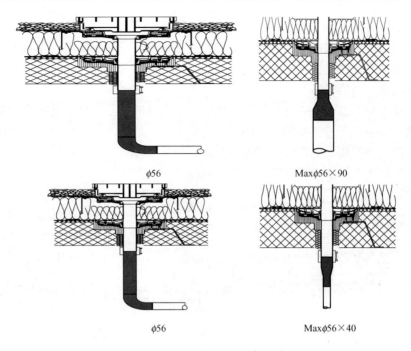

图 2-40 虹吸式雨水斗安装示意图

7) 管子重量轻,施工方便,安装工效大大提高。

(3) 金属管材和 HDPE 的主要区别

1) 金属管道及配件的连接或者用胶粘剂或者用伸缩节,承插接头等。吉博力 HDPE 管连接采用对焊连接和电焊管箍连接的方式,密封性能更为安全可靠。

2) 吉博力 HDPE 管温度适应范围达零下 30℃到 100℃。由于吉博力 HDPE 管及配件呈黑色,所以能有效防止阳光中的紫外线对管子的影响。

3) 吉博力 HDPE 管材及配件具有通用性,能进行预制安装,金属管预制安装是不可能的。

4) 吉博力 HDPE 管材及配件相对金属管材来说抗冲击能力更强,当金属管道经过外力的冲击时容易变形,而吉博力 HDPE 管不易变形。

5) 吉博力 HDPE 管材比金属管材更耐磨损。

6) 吉博力 HDPE 管材比金属管材更耐化学腐蚀,特别是管材内的气蚀现象对金属管材的摩阻产生了变化,而造成了虹吸系统的不稳定因素。

7) 根据瑞士国家环境、森林、乡村组织(BUWAL)公布的数据显示,从环保角度来看,HDPE 管从生产到最终处理的过程中对环境的影响很小,见表 2-43:

管材生产对环境的影响　　　　　　　　　表 2-43

管　材	原材料生产	生产过程中能源耗费	管子最终处理	总　计
铸铁管	4852	624	997	6473
PVC	582	54	1176	1811
ABS	741	41	236	1018
HDPE	374	70	415	859

注:以上统计数据以每米管材对环境造成负担的 UP 值计算。

(4) 管道固定装置

虹吸式屋面雨水排放系统的管道固定装置包括与管道平行的方形钢导轨，管道与方形钢导轨间的连接管卡（根据不同的管径，每隔 0.8~1.6m 布置管卡），用于固定钢导轨的吊架及镀锌角钢，吊架每隔 2.5m 安装。

由于布置了与管道平行的方形导轨，所以整个系统的热胀冷缩引起的变化能自行传输给方形导轨，不会由于热胀冷缩产生的应力对结构产生危害。并且整个管道的固定装置安装方便、牢固。只要用很简单的工具就可以进行安装操作。

虹吸式屋面雨水排放系统管道示意图详见图 2-41。

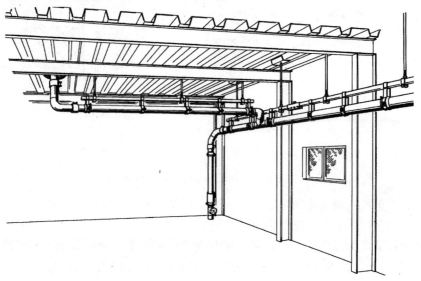

图 2-41 虹吸式屋面雨水排放系统管道示意图

(5) 管道特别设计之装置

HDPE 管防火阻燃圈是根据建筑物防火规范设计，按照相应的墙体、楼板、屋顶的厚度、材料及防火要求，把产品划分为不同的产品等级。防火阻燃圈外部为不锈钢，内部配有消声隔离层。由于产品设计简单，所以它与 HDPE 管及墙体、屋顶、楼板的连接方便、牢固，能有效地阻止烟雾、火焰的通过。

(6) 防管道热胀冷缩的装置（图 2-42）

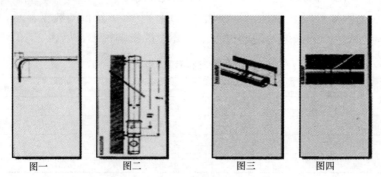

图一　　图二　　图三　　图四

图 2-42 防管道热胀冷缩的装置

从物理学的角度来理解：任何材料都会遇热膨胀，遇冷收缩。HDPE 的伸缩系数为 0.2mm/(m·K)。

主要分别从两个角度考虑消除热胀冷缩对管道的影响。一方面，怎样去顺应这个变化。另一方面怎样去消除这个影响。按照不同的安装情况，通过计算，采用不同的方法。

图 2-42 左一、二图为顺应这个变化采用的管段自行校正"腿"、伸缩管接头。

图 2-42 左三、四图为消除这个影响而借助的固定管卡、埋于地下的管道配件。

5. 虹吸式屋面雨水排放系统与重力排放系统的连接（图 2-43）

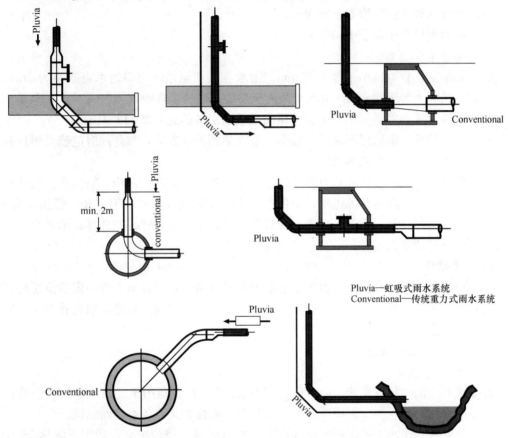

图 2-43 虹吸式屋面雨水排放系统与重力排放系统的连接

主要有三种：

（1）在连接前先在垂直管上扩大管径。

（2）在进入地下管理第一个入孔前管道改变方向时扩大管径。

（3）在管道与排水窨井连接的变径弯头，提前中止虹吸作用。

6. 虹吸式屋面雨水排放系统，水力计算及软件配置

除了雨水斗的设计外，精确的水力计算是雨水系统获得虹吸作用的要素。吉博力虹吸水力计算借助于电脑得以在短时间内绘制出系统示意图及水力计算表。节省了大量的时间。软件的基本原理是基于：

（1）管道摩阻，流量，流速，管径水力计算图。

（2）公式：

$$\Delta PR = HT - \Sigma(R \times LA)$$

$$PK = HK - \Sigma(R \times LA)$$

式中 ΔPR——压力余量（mWC）；

PK——该点虹吸值（mWC）；

HT——Pluvia 雨水口顶面至系统出口的高度差（m）；

R——管道摩阻（mWC/m）；

LA——管道实际管长（m）；

HK——Pluvia 雨水口顶面至系统临界点之间的高度差（m）。

软件计算最后的校核标准为：

（1）允许的最大虹吸值为—8mWC；

（2）压力余量小于等于 1mWC；

（3）流速至少是 1m/s；

（4）如果主立管直径小于等于 75mm，雨水斗顶面至系统出口的垂直距离为 3m；如果主立管直径大于等于 90mm，雨水斗顶面至系统出口的垂直距离为 5m；

（5）管段总压力降必须小于雨水斗顶面至系统出口的总高度 HT（m）。

通过以上校核，电脑可不断修正数据，最终达到最佳方案，与此同时电脑可很快列出材料清单，并进一步进行成本预算。

吉博力软件系统绘制计算示意图的过程：第一步，计算屋面面积；第二步，设计暴雨强度；第三步，屋面降雨总流量；第四步，雨水斗数量及布置；第五步，管道的布置；第六步，计算图的设计；第七步，输入管长及流量；第八步，管径的计算；第九步，计算机自动生成材料清单。

7. 日常维修

很明显的是，整个虹吸系统由于没有电力和机械装置，而且雨水以一定的流速流经管道，具有自净能力，日常的维修工作几乎是没有的。唯一要做的只是定期查看雨水斗周边是否有杂物。

2.3.4.3 技术优势和特点

1. 工程应用范围

虹吸式屋面雨水排放系统（以下简称"本系统"）广泛运用于工商业建筑及公共设施的大型屋面，包括平屋面、斜屋面、不同弧状穹形屋面和其他各类屋面结构。

本系统虹吸式雨水斗可根据屋面或汇水漕的材质进行调整配套，适用于隔热/隔气材质屋面（如混凝土保温屋面）、非隔热/隔气材质屋面、不锈钢/铜/镀锌/铝合金等金属材质屋面。

2. 虹吸工作原理

本系统的工作原理是依据设计独特的虹吸雨水斗，能够防止空气进入排水管道内，确保管内满流，并使水流在立管内形成负压，从而产生虹吸现象，使得整个管系水流快速排放，在立管中的负压是导致虹吸的原动力。本系统的管径及其布置均由 Geberit DLS Software 软件自动进行计算校和。

3. 系统技术优势和特点

（1）采用轻质材料：本系统管材采用轻质且经过特殊工艺处理性能稳定的 HDPE 管道（高密度聚乙烯）。由于该材料的特殊性，使本系统较传统的铸铁管更易运输、施工及安装，并令工程总成本大大降低。此外，HDPE 的材料特性使本系统可在施工前进行预制和预装，使得工程施工管理和物料管理更加有效。

（2）先进的连接技术：本系统的管道连接比铸铁管，UPVC或其他材料更容易、省时、可靠和更科学。管材与管材之间除可以使用专用设备热熔对焊连接外，还可以采用电焊管箍的连接方式，连接安全可靠。

（3）可靠的密封接口：本系统因采用专用设备热熔对焊、电焊管箍连接等先进技术，使系统运作时完全密闭——这是形成虹吸的必要条件之一。本系统不采用密封圈及承插式连接，故不会因密封圈的老化而使得系统崩溃。

（4）创新的虹吸雨水斗设计：由电脑辅助设计的虹吸雨水斗在系统运作时能防止空气进入管道内，并保证管系满流时形成虹吸。

（5）专利系统设计软件：设计软件是产生虹吸的核心。吉博力的设计软件已经经过了近40年的不断完善，目前的设计软件已升级到第七代，并经过世界最权威机构英国BBA的认证。

（6）紧固吊挂系统：由于管材的收缩率及在产生虹吸时的动荷载，吉博力根据欧洲规范设计了专用于虹吸的紧固系统，此紧固系统与屋面或楼层接触点少，易于安装、设计独特，除能将材料固定外，还能卸除热胀冷缩效应产生的应力影响，避免造成雨水斗与混凝土连接部位的开裂。

（7）系统优势：

1）轻质管材，便于运输、施工和安装。
2）管材经过特殊工艺处理，收缩率小于1‰，减少收缩应力对建筑的危害。
3）产生虹吸时的积水深度浅，只需32mm，减少对屋面的荷载及危害。
4）虹吸雨水斗的排水量大，只需设计较少的屋面排水沟。
5）横管布置无需坡度，大大节约了空间，减少了与其他管道的冲突。
6）管径小，立管少，利于美观。
7）所需埋地管少，大大减少了地面开挖工程，降低了工程造价。
8）采用特有的管道连接技术，保证管道的密封性。
9）可预制安装，提高了工作效率和施工周期。
10）系统具备自洁功能，无需日常维护。
11）建筑及应用上更广泛的灵活性。
12）给设计师提供了更大的设计空间和自由度。
13）快捷易装安全可靠的紧固系统，确保了整个系统稳定性。

4. 虹吸式屋面雨水排放系统材料介绍

（1）虹吸式雨水斗

1）虹吸雨水斗的管径为 $DN56$，排水量为 12L/s 和管径为 $DN90$，排水量为 25L/s。
2）因虹吸雨水斗的特殊设计，能有效地隔绝空气进入管道内，令管道的排水量大大增加。虹吸雨水斗具备足够的强度以抵抗安装和使用中产生的应力。

（2）虹吸专用HDPE管材

1）虹吸专用HDPE管材管径由 32mm 到 315mm 齐全，能适应各种安装环境。
2）虹吸专用HDPE管材采用特殊材料与特殊专利的加工工艺处理，抗高强的冲击力、拉伸力、承受负压和很小的收缩率；成品密度为 $955kg/m^3$，运输和安装成本大为降低。此外虹吸专用HDPE管材的耐化学性以及各种连接技术使本系统安装更为简单可靠。对焊连接可减少大量接头，大幅增加了雨水排放所需的空间，并节约成本。

3）HDPE管材及配件均为黑色，能防止紫外线辐射而使管材硬化和脆化，提高系统的使用寿命。

（3）紧固吊挂件

吉博力虹吸式雨水系统中的紧固件专为安装于建筑墙/楼面的管系设计，能够消除和吸收管系的热胀冷缩和由此产生的应力。所有紧固件采用世界著名的克虏伯公司的优质钢材，表面采用先镀铬然后镀锌，严格按照DIN标准执行。

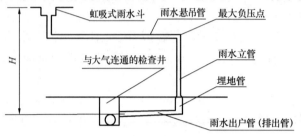

图 2-44 虹吸式屋面雨水排放系统组成

2.3.4.4 技术要求和原理

1. 综述

屋面雨水排水系统一般由虹吸式雨水斗、无坡度悬吊管、立管和雨水出户管（排出管）组成。如图2-44所示。

形成虹吸式屋面雨水排放的前提条件是：必须具备拥有良好气水分离装置的雨水斗。在设计降雨强度下，雨水斗不掺入空气，降雨过程中利用雨水斗与出户管之间的高差所形成的压差，经屋面内排水系统，从户外排除管排出。在这一过程中，排水管道中是全充满的满管压力流状态，屋面雨水的排放过程是一个在虹吸作用的结果。因此，把这样的系统称为虹吸式屋面雨水排放系统。

虹吸式雨水排放系统管内压力和水的流动状态是不断变化的过程。

降雨初期，雨量一般较小，悬吊管内是一有自由液面的波浪流。根据雨量大小的不同，部分情况下初期无法形成虹吸作用，是以重力流为主的流态。随着降雨量的增加，管内逐渐呈现脉动流、拔拉流，进而出现满管气泡流和满管汽水混合流，直至出现水的单向流状态。

降雨末期，雨水量减少，雨水斗淹没泄流的斗前水位降低到某一特定值（根据不同的雨水斗产品设计而不同），雨水斗逐渐开始有空气掺入，排水管内的虹吸作用被破坏，排水系统又从虹吸流状态转变为重力流状态。

在整个降雨过程中，随着降雨量的增加或减小，悬吊管内的压力和水流状态会出现反复变化的情况。

与悬吊管相似，立管内的水流状态也会从附壁流逐渐向气泡流、气水浮化流过渡，最终在虹吸作用形成的时候，出现接近单向流的状态。

2. 雨水斗

一般来说，雨水斗的设计是整个虹吸系统能否按设计要求工作的关键所在之一，它的稳流性越好，产生虹吸所需的屋面汇水高度越低，总体性能就越优越。

图 2-45 为一标准型的雨水斗，它是由雨水斗底座

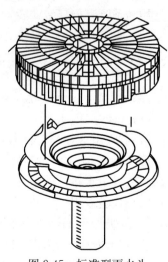

图 2-45 标准型雨水斗

（PE材料）、碟片（ASA）、格栅顶盖（PE）组成。另外根据需要可提供通用型的绝缘底座、固定件、法兰片、焊接片、防火保护帽、微型加热电圈等配件。

压力流（虹吸式）雨水斗材质为HDPE、铸铁或不锈钢。其各部分有不同的结构功能。雨水斗置于屋面层中，上部盖有进水格栅。降雨过程中，雨水通过格栅盖侧面进入雨水斗，当屋面汇水达到一定高度时，雨水斗内的反涡流装置将阻挡空气从外界进入同时消除涡流状态，使雨水平稳地淹没泄流进入排水管。虹吸式雨水斗最大限度减小了天沟的积水深度，使屋面承受的雨水荷载降至最小，同时提高了雨水斗的额定流量。

目前比较领先的产品，完全可以做到部分通用。它的最大优点在于对于不同功能及材料的屋顶系统，产品具有广泛的适用性。换句话说，一种雨水斗通过与相应的配件组合就能适合不同的屋顶，例如：混凝土屋顶、金属屋顶、木屋顶、考虑人行走或绿化的屋顶，屋面不平呈梯形结构的屋顶等。雨水斗是整个虹吸系统的关键部分。对于整个虹吸式屋面雨水排放系统而言，最主要的就是要避免空气通过雨水斗进入整个系统。如果空气直接进入雨水斗，会在管道内形成气团，这样会大大降低系统排水效率，最终和传统重力式排水系统一样。

因此，虹吸式屋面雨水排放系统所采用的雨水斗必须具有优化设计的反涡流功能的盖罩，防止空气通过雨水斗入口处的水流带入整个系统，并有助于当斗前水位升高到一定程度时，形成水封完全阻隔空气进入。

3. 雨水斗的设计安装要求

（1）雨水斗离墙至少1m。

（2）雨水斗之间距离一般不能大于20m。

（3）平屋顶上如果是砂砾层，雨水斗格栅顶盖周围的沙砾厚度不能大于60mm，最小粒径必须为15mm。

（4）如果雨水斗是安装在檐沟内，且采用焊接件的话，檐沟的宽度至少是350mm，檐沟内的雨水斗安装开口为70mm×270mm至290mm×290mm。

（5）如果雨水管是安装在混凝土屋顶面层内，那么屋顶至少有160mm厚。

（6）断面呈连续梯形的屋面雨水斗开口，为安装固定件，尺寸必须是280mm×280mm，如果开口大于300mm×300mm，屋顶则需加固。

（7）如果屋顶是混凝土的，雨水斗下连的雨水管管径至少是35mm（用电焊管箍连接件连接），与此对应的屋顶厚度是180mm至190mm。

（8）带隔离层的屋顶隔离层厚度至少40mm。如果隔离层厚于180mm，雨水斗的底座必需延伸至能与管径56mm的连接管相连的恰当长度。

4. 系统管道

管道作为虹吸式屋面雨水排放系统最主要的部分，必须确保系统安全可靠，高效持续的运行。虹吸式系统作为一个特殊的排水系统，其管道必须保证完全的密封性和完备的防火措施，并且做到尽可能降低噪声，吸收振动，抗击冲击外力，最大程度满足抗温度变化引起的形变。

管道的完全抗渗漏并不意味着系统密封性得到满足。一般情况下，对于抗渗漏的要求是允许发生小范围的渗漏，只要有补救措施即可。但是虹吸系统一旦发生渗漏，并不易发现。当突然出现暴雨的降雨强度，则可能立即造成整个系统崩溃。进而因为屋面雨水无法及时排放，超过屋面可负荷的荷载强度，引起屋面坍塌。

当然，微小的不密封并不一定会造成渗漏，但是足以造成漏气，一旦排水管道内出现气团，虹吸式排水的效率马上大大降低，严重的甚至会破坏虹吸作用。

由于虹吸系统是利用负压排水的，因此管道的管壁必须具备相当的承压能力。但是也不是完全的刚性体。因为虹吸系统的负压一般不大于$-0.08MPa$。过大的负压会导致管内水流流速过快，发生气蚀现象，对于金属管道或者是金属质地的连接处产生极大的伤害（$-0.09MPa$已经接近气蚀的临界值）；同时负压过高也会给系统带来极大的震动，减少系统的使用寿命。

管道和配件都必须具备阻燃的条件，当建筑物一处发生火灾时，系统能够防止火灾被迅速传递到建筑物的其他部分。所以，材料本身的阻燃性并不是最重要的，整个管道系统的防火扩散性才是将灾害损失降至最低的关键。

5. HDPE 管材的优势

承压性能良好，管壁在外荷载作用下，不会破裂。能抵抗冲击压力，减少水锤冲击破坏，保证系统的安全运行，维持虹作用的负压。

管道连接方式方便灵活。管道可根据需要，采用不同的连接方法，如：对焊、电焊管箍连接、法兰连接、螺纹连接、伸缩管接头等。HDPE还可以和钢管、铸铁管、陶瓷管等其他管材的管道连接。只需通过专门的加热电焊机就可以进行操作。焊接机详见图2-46。

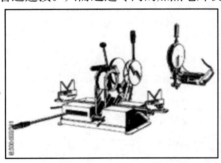 

图2-46 中型焊接机与通用型焊接机

HDPE 管道是在热力条件下生产的，材料本身的张力在制造过程中已消减，所以成品以后可能产生的尺寸微变不会有任何危害，将热胀冷缩引起的危害降至最小。

从物理和化学性质上看，HDPE管道的防腐能力极强，不受各种酸、碱、盐所引起的电化学反应的影响。HDPE管道比金属管更耐磨损。抗极端温度在-400~$1000℃$。管子重量轻，施工方便，可以事先预制，安装工效大大提高。

HDPE管作为一种新型的节能管材，从我国目前建筑行业住宅产业化，设计标准化，材料集约化，建筑生产施工工厂化，管理科学化的发展趋势来看，具有很大的发展潜力。

6. 辅助的固定系统

安装固定系统的主要功能是辅助安装与固定管道，详见图2-47。

虹吸式雨水管道系统的固定装置包括与管道平行的方形钢导轨，管道与方形钢导轨间的连接管卡（根据不同的管径，每隔0.8~$1.6m$布置管卡），用于固定钢导轨的吊架及镀锌角。安装固定系统还包括管卡配件，这些配件可以固定管道的轴向，利用锚固管卡安装在管道的固定点。立管、悬管、吊管固定详见图2-48、图2-49。

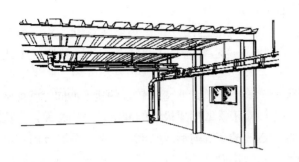
图 2-47　安装固定系统示意

图 2-48　立管的固定

汽水混合流的排水过程中,有一个非常重要的要求,是关于在系统各部位内负压的限制,规定负压不得低于 $-8N$。其原因在于,当负压在 $-9.2N$ 左右时,系统内的气泡会在压力的作用下破裂,使整个管道系统产生剧烈振动。

因此,为保证系统的正常运行,管道振动的危害是一个不容忽视的问题。如果振动不加以防范,可能会减少建筑结构的使用寿命,也可能会导致整个系统的破坏。安装固定系统的主要功能之一是吸收这些振动,从而避免振动对建筑结构产生影响。

由于温度的变化,管道必然会发生热胀冷缩的现象。在系统内部形成拉力或压力,对于管道连接处形成作用。

安装固定系统可以防止在刚性安装的排放系统中,由于热胀冷缩受到阻隔而产生的力会对建筑结构的破坏,吸收热胀冷缩导致的管道位移。同时,还可以避免管道因为悬挂受力而变形。

无论是系统振动带来的外力,还是热胀冷缩引起的内力,甚至是悬挂管道承受的重力,都由连接件传至方形导轨,避免引起系统的变化,减少对于建筑结构的影响。

固定系统除了可以起到固定管道、转移管道受力的作用,还有助于增加屋面到水平管的间距,而不影响管道的水平受力(见图 2-50)。

图 2-49　悬管吊管固定

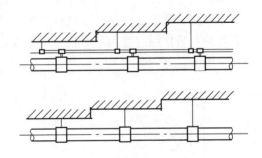
图 2-50　增加屋面到水平管的间距

总而言之,固定系统虽然是虹吸式雨水排放系统的辅助部分,却起到至关重要的保护的作用。

7. 水的持续流动性

在满足流速大于等于 $0.7m/s$ 的条件下,保证水流方向的持续流动性是维持虹吸作用的关键。特别是在管道转弯角度相对较大,甚至呈 90° 的时候(图 2-51),很有可能因为管内流速的突然下降而引起虹吸作用被破坏。

因此，当水流有90°的方向改变时，此处弯头的连接方式，必须注意设计一个衔接管段（图2-52），以保证流速不会突然大幅下降，而是维持上升的状态，从而整个虹吸式屋面雨水排放系统得以正常运行。

当系统中出现90°T型支管时（见图2-53），当横管内水流以较快的速度冲向管壁突然遇到阻碍，在极短的时间内速度降为零。一方面对于管壁形成极大的冲击，另一方面，水流撞击管壁后又以一个与初始方向相反的速度，迅速的在管内形成回流，这样，两股方向相反的水流在管内冲撞，很容易形成水塞，阻碍排水管排放，破坏虹吸作用（见图2-54）。

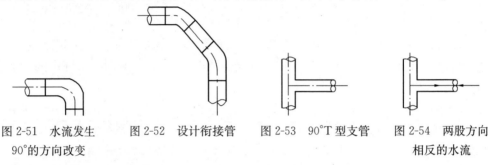

图2-51 水流发生90°的方向改变　　图2-52 设计衔接管　　图2-53 90°T型支管　　图2-54 两股方向相反的水流

因此，必须采用相对较大的管径，具体情况可根据管道的空间和环境情况来进行选择。水力情况最好的选择还是设计一个避免出现90°变化的衔接管段（见图2-55）。

8. 气水混合流的存在

当系统管道内形成虹吸作用时，由于可供使用的管道管径不一定恰好是计算所得的管径尺寸，因此管道内部会有很多溶解在水中的小气泡，并不是完全理想化的液体单相流。这些微小气泡在流动过程中会逐渐释放，然而这种气水混合流而非气水两相流的流态，仍可以被看作虹吸作用，是允许存在的状态，并不影响虹吸作用的形成，也不影响系统的排水能力（见图2-56）。

但是，溶解在水中的气泡并不意味着管道内的气团。如果排水管道内，中间部分是气团，沿壁部分是水流，这样就是传统重力雨水排放系统的管内流态。管道内气团的存在，严重影响虹吸作用时管内满流状态的形成，水流在管内的充满度相当低，大大减小了系统的排水能力（见图2-57）。

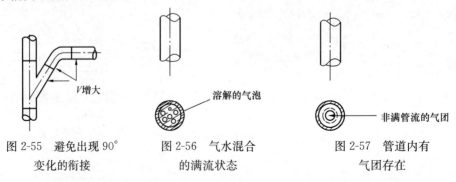

图2-55 避免出现90°变化的衔接　　图2-56 气水混合的满流状态　　图2-57 管道内有气团存在

9. 系统的一体性和密封性

为保证虹吸排水的产生和持续作用，就要求从雨水斗到管道系统的整套排放系统必须是一体的,各部分紧密相连。

如果雨水斗有一个完全敞开的入口,空气就会在水流旋转作用的带动下,从入口处进入整个雨水排放系统,这样就根本无法形成满流的虹吸状态,整个系统也不再是高效的虹吸式排放系统(见图2-58),实际上已经作为一个传统的重力式排水系统在工作。

但是,重力式排放系统为了达到比较好的排放效果,在安装管道时要求悬吊管的最小坡度为2%。而虹吸式系统的悬吊管安装坡度为零,没有重力势能的作用,整个系统无法有效进行排水(见图2-59)。

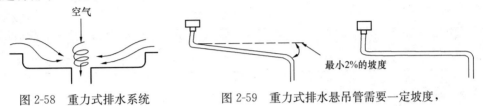

图2-58 重力式排水系统　　　图2-59 重力式排水悬吊管需要一定坡度,
　　　　　　　　　　　　　　　　　　虹吸式排水悬吊管无需坡度

因此,只有当雨水口的入口处半敞开时,才能有效阻止空气随时进入系统,当斗前水深满足一定要求时,能够形成水封,完全隔断空气,迅速形成虹吸作用(见图2-60)。

除了必须保证入口处有效阻止空气进入,还必须保证系统管道中没有空气进入。所以,另一个要求就是系统的完全密封性,要保证管道无渗漏。

为此,配件连接时不能采用橡胶密封圈,用承插的方式进行连接(见图2-61)。这样系统的气密性很难得到有效保证,容易导致管道渗漏。因为在虹吸作用时,管道内的管流是压力流的状态,一方面管壁承受压力,承插口处同样受压,容易发生渗漏;另一方面,一旦发生渗漏,则管内压力状态改变,影响正常的虹吸作用。

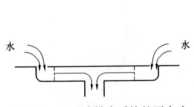　　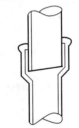

图2-60 虹吸式排水系统的雨水斗　　图2-61 采用橡皮密封圈用
　　　　有效隔断空气进入　　　　　　　　承插的方式进行

10. 屋面水位

只有当屋面水位达到一定程度时(根据不同的雨水斗产品有不同的固定值),整个系统才真正作为一个虹吸式雨水排放系统工作。

在某个持续的降雨过程中,开始水位低于形成虹吸作用的高度,随着水位逐渐上升,达到这一特定值后,系统开始形成虹吸作用。水位一直持续,直到屋面的雨水量小于虹吸系统的排水能力为止。

但是,水位必须严格控制及限定在某一高度,否则屋面上累积的雨水会对屋面形成极大的未能预见的荷载,可能导致屋面结构的变形或者破坏,甚至出现渗漏。

根据欧洲标准,屋面雨水的水位高度必须限制在55mm内。这个数字是长期实验和实际工程经验的结果。

由此可知，屋面承受的荷载与毫米水深的关系。显而易见，当水位大于55mm时，会对屋面结构产生相当大的重量负荷。因此在屋面或天沟设计时，必须考虑到这方面的情况。

尤其对于天沟来说，水位绝对不可以超过55mm，否则随着时间的推移，天沟将会慢慢变形，对于排水系统和整个建筑产生非常大的影响。

11. 雨水斗的斗潜水深（表2-44）

雨水斗的斗潜水深 表2-44

雨水斗规格（L/s）	产生虹吸时的积水深度（mm）	雨水斗规格（L/s）	产生虹吸时的积水深度（mm）
12	<32	25	<55

2.3.4.5 施工方法

1. 施工要点

（1）雨水斗

本项目采用吉博力屋顶雨水斗有两种，排水量全部是25L/s，分别用于混凝土屋面和钢屋面。技术要求如下：

1）雨水斗斗下管径是90mm。根据图纸对高度的要求，采用90°弯头或带90°弯头的直管连接。如图2-62所示：

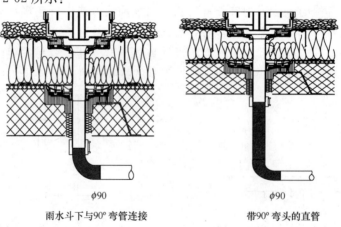

ϕ90　　　　　　　　　　ϕ90
雨水斗下与90°弯管连接　　带90°弯头的直管

图2-62 连接

2）同一雨水斗之间的距离不能大于20m。

3）雨水斗是安装在金属檐沟内。25L/s的雨水斗，檐沟宽度至少为650mm。应尽可能地加宽檐沟的宽度。钢檐沟雨水斗安装采用氩弧焊接的工艺，并在焊接完毕后仔细检查焊接部位。

4）混凝土屋面雨水斗施工要严格按照规范施工，并做好防水的处理，避免漏水。

（2）安装片

在管道的悬挂系统中，和楼板（墙体或承重柱）的连接是靠通丝螺杆来完成的。由于各种外力的影响，丝杆不可避免的会变形。如果采用丝杆加内膨胀直接和楼板连接的话，时间长了内膨胀会有所松动甚至脱落。这样的安装方式对整个系统的安全性是个很大的威胁,在系统工作时如果整个管道脱落,大量的雨水会直接灌到室内。为了保证系统的安全,Geberit 虹吸系统采用了安装片固定在楼板,采用丝口连接的方式。安装片图例如图 2-63 所示。

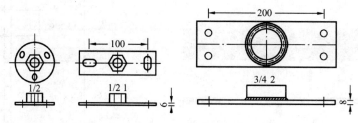

图 2-63 安装片

(3) 方形钢导管及配件

如图 2-64 所示,在管道系统的上方就是方钢系统。方钢系统有两个作用:一是可以最大限度的保证管道系统的水平度。最重要的是将管道的热胀冷缩对整个系统的影响降到最低。固定关卡将两个系统连在一起。当管道热胀冷缩时产生的应力会通过固定关卡传到方钢系统上,而金属的热胀冷缩远大于管道,这样就可以自然的消除管道的热胀冷缩对管道系统产生的不良影响。

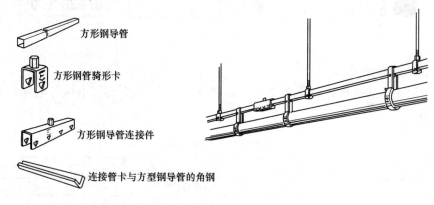

图 2-64 方形钢导管及配件

(4) 电焊圈

电焊圈是个技术含量很高的产品。图 2-65 中黑色部分就是电焊圈,通过电焊包将它和管道焊接在一起,由于和管道材质一样就可以和管道形成一个整体。其中间的凹槽可以紧紧的把管卡固定住,形成一个固定管卡。

(5) 管卡(图 2-66)

管卡分为可调管卡和不可调管卡,分别用在立管和横管上。管卡单独使用又叫导向管卡,和电焊圈一起使用又叫固定管卡。在横管和立管上根据不同管径要求布置导向管卡和固定管卡。

(6) 电焊管箍连接件(图 2-67)

电焊管箍连接件是又一个技术含量很高的部件。在现场施工中,在管道相互连接时,受场地条件和施工空间的影响,机器无法焊接。这时只要用一个电焊管箍连接件将管道连接后再通电,在专用电焊包指示灯的指示下操作,就可以将这个问题解决。

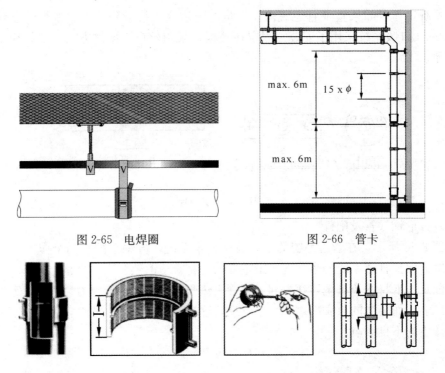

图 2-65　电焊圈　　　　　图 2-66　管卡

图 2-67　电焊管箍连接件

2. 施工机械的配置

主要专用工具及机械设备见表 2-45，其他工具以常用工具（电锤、电钻、电焊机）为主。

主要专用工具及机械设备　　　　表 2-45

序　号	数　量	产品名称	直径（mm）
1	1	通用型焊接机	50～315
2	1	管道紧箍装置	56
3	1	管道紧箍装置	63
4	1	管道紧箍装置	75
5	1	管道紧箍装置	90
6	1	管道紧箍装置	110
7	1	管道紧箍装置	125
8	1	管道紧箍装置	160
9	1	管道紧箍装置	200
10	3	焊接板	50～200
11	2	焊接板支架	
12	1	电动操作刨子	
13	3	电焊包	
14	1	管道割刀	110～160
15	1	管道割刀	50～110
16	3	电焊包转换接头	200～315
17	1	管道割刀	200～315
18	1	稳压器	2kW

3. 临时排水

根据以往的施工经验，在大楼进行安装施工时室内要求尽可能无积水漏水现象。但此时由于室外雨水管网没有施工，所以雨水系统无法正常使用。公司会根据现场的实际情况，和总包单位协商，拿出切实可行又经济的临时排水方案，保证建筑内部施工的正常进行。

4. 溢流口的开设

没有任何一个雨水系统是绝对安全的，所以溢流口开设就尤其重要。应在深化设计时标注溢流口位置和尺寸，以方便总包单位在进行屋面施工时使用。详见图2-68。

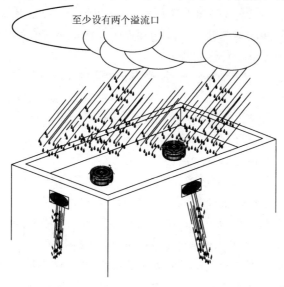

图2-68 溢流口示意

2.4 环境保护重点技术

2.4.1 绿色工地施工

2.4.1.1 应用概况

项目开工伊始，就确定了绿色施工的目标，根据实际制定了《项目部环境管理目标》，即：减少施工噪音、施工扬尘，控制污染排放，满足环境法规定的要求，创绿色工地，各方投诉率控制在3‰以内，杜绝重大环境污染事故。争创市级"绿色工地"称号。实现企业质量、环境、职业健康安全"三合一"管理体系的有效运行。

各项环保措施的落实，得到了良好的效果。项目施工中，无重大环境污染和周边居民单位集中投诉，被评为杭州市绿色工地。

2.4.1.2 主要绿色施工措施

1. 加强环保教育，提高员工素质

1) 环保教育是创建"绿色工地"管理工作的重要环节，目的是能提高全体员工的素质，实现环境保护的基础。对进场员工实行环境保护教育制度，学习内容有环保政策法规、规范、各种污染危害性、安全生产六大纪律、各工种安全技术操作规程等。

2）每星期三下午组织管理人员、施工班组长等人员参加的例会，总结每星期工作状况，提出该星期的各项工作重点和要求，并做具体的布置和安排。抓重点、抓领导、抓管理、提问题、抓落实整改。

3）学习传达贯彻上级有关安全生产、环境保护文件为重点，广泛进行学习和讨论，分期分批7场次146人参加召开专题会议进行了学习和讨论，进一步提高了管理力度，提高了每位员工的环保意识和观念，杜绝了违章指挥、违章作业行为。布置张贴有关标语、标志牌42张（块）。

4）为了使员工掌握环保知识和工作操作技能，项目部通过开展环保知识有奖答题，致员工一封环境保护公开信，举办民工环保知识函授培训学校等形式活动，使员工端正了创建工作的态度，提高了员工环保意识。

5）选派二名同志参加了杭州市环保局举办的培训学习，取得结业证书，选派一名同志参加整合型环保体系内审员培训证书班学习。以点带面，对全体管理人员、施工作业人员传授知识，增强工地管理人员的环境法制意识，提高施工人员的环保操作技能。项目部组织三期培训学习班，通过环保教育培训灌输环保意识，提高生产环境中作出环境污染轻重程度的正确判断，努力控制和减少污染事故的发生。

6）采用新技术、新工艺、新设备、新材料和调换工作岗位时，对操作人员进行新技术操作和新岗位的环保教育、安全教育，对进场职工教育后安排上岗作业。通过针对性、及时性环保培训教育和安全生产教育，提高员工操作的工作能力。

2. 完善规章制度，确保实施效果

在环境保护工作中，用规章制度教育是极其必要的，项目部以《中华人民共和国环保法》为依据，制订健全环保规章制度，制度有《施工现场环保制度》、《环境卫生管理制度》、《工地卫生制度》、《卫生保洁制度》、《不扰民措施》等，在环保管理上做到有章可循，违章必究，在施工过程中不断完善规章制度。对进场作业班组、分包单位签订《环境保护、文明施工合同责任书》，建立环境保护责任与目标管理考核制度，把责任竖向到底、横向到边地分解到每个班组、每个员工，落实人人应知的较好效果和目的。

3. 加强污染控制，确保环境美化

本施工现场是深基坑作业，主体是超高作业，露天、深低、超高施工环境和作业环境存在着一些管理难度。针对当前存在的现象，我们重点在环保、标化管理上做了以下工作：

1）在施工管理方面：工地建立围墙2.5m高，（围墙上书写了三条环保标语），设立二处门卫室，五小设施齐全，布局合理，安全防护措施齐全到位，达到污染物排放许可要求，工程组织设计中的文明施工方案和技术方案措施落实，落实"门前三包"，做好门前保洁工作。

2）在水环境整治方面：现场内设置连续、畅通的排水沟、沉淀池，达标排放。禁止将泥浆、污水、废水外流或堵塞下水道。施工现场内不设置食堂（设饭菜供应点），减少水污染。

3）在气环境整治方面：控制扬尘、消除烟尘，净车出场，密闭化运输。对水泥桶仓用彩条布全封闭围挡防尘，禁止使用自拌混凝土，禁止在现场内焚烧垃圾。

4）在声环境整治方面：严格夜间施工，控制噪声扰民。因工艺需要夜间连续施工，办理《夜间施工许可证》；加强对建筑机械噪声管理，定期对塔吊、木工机械、钢筋机械及其他机械的性能进行检查和维修，严格控制喇叭、机械噪声。

5）在场容场貌整治方面：施工现场大门出入口场地全部混凝土硬化，场内外道路平整、畅通、无积水。对进场建筑材料堆放有序、整齐；随时清理建筑垃圾。不随意丢弃废土、旧料和其他杂物，做到工完场清，工地路面整洁。

6）在卫生管理方面：现场内外环境整洁，职工宿舍、临时厕所等场所符合卫生标准，保持清洁。

7）在人文环境方面：职工按照职业道德规范文明作业，文明用语，现场有醒目的安全标志牌和浓厚的创建文明工地及绿色工地的宣传气氛。

8）加强标化管理，用与时俱进、开拓创新的眼光进行策划创绿色工地广告牌、七牌一图的布置，气派、大度；办公电脑化、宿舍宾馆化、厕所星级化。

9）加强"三合一"管理体系的工作，根据工程实际情况，编制环境控制管理方案：《施工现场噪声污染管理方案》、《施工现场水土污染管理方案》、《施工现场粉尘污染管理方案》、《施工现场固体废弃物及光污染管理方案》。按管理方案要求做好降低施工噪音、控制排污、排尘管理工作。

10）现场适当地方种植花木，设置盆景绿化点缀，美化工地。

11）做好健全环保工作台账管理，按规定申报了《杭州市污染物排放许可证》、《西湖区临时排水许可证》等合法手续，台账做到科学化、规范化、制度化，提高施工现场管理水平。

2.4.2 石材放射性控制

大面积采用的洞石放射性经国家建筑材料工业石材质量监督检验测试中心检验，大大低于国家标准，无使用环境的限制。

2.4.3 垃圾处理

底层设垃圾房，垃圾集中清运，避免污染环境。

2.4.4 边回风口吊顶

房间、走廊吊顶边与墙体交接处设置凹槽形空调回风口（图2-69），保证了室内空气流通的效果，同时回风口的位置又巧妙地避免了吊顶与墙面交接处裂缝的产生。

2.4.5 混合气体灭火及细水雾消防技术

（1）混合气体IG-541灭火剂同样具有对大气层无污染的特点，现已逐步开始使用。由于其是由氮气、氩气及二氧化碳自然组合的一种混合物，平时以气态形式储存，所以在喷放时，不会形成浓雾或造成视野不清，使人员在火灾时能清楚地分辨逃生方向。

（2）细水雾灭火系统：能够替代卤代烷等对环境有破坏的气体灭火系统及现有的会造成水渍损失的自动喷水灭火系统。且以水为灭火剂对人和环境没有任何危害，是绝对的绿色环保产品。

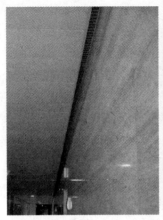 

图 2-69 边回风口吊顶

2.5 绿色设计理念

2.5.1 建筑设计中的绿色概念

(1) 整体虚实控制。受基地条件的限制,建筑南北面窄,东西向长,建筑设计中凡太阳直射较多的面多以实墙加点窗来处理。西侧面处理了几个大凹口。

(2) 尽可能自然采光和通风,建筑物体量庞大,又受控高限制,必然厚实,自然采光和通风条件不利。设计中通过对建筑形体的切挖形成几个三面围合的内庭,并多向连通,从而解决了自然采光和通风问题。

(3) 建筑实体墙面为内设保温板的石材干挂单元,点窗为特殊设计的有空气保温和可调遮阳百叶间层的双层 LOW-E 玻璃窗。少量的玻璃幕墙也采用了 LOW-E 中空玻璃。

(4) 采用地下三层的设计,并充分利用建筑空间,地下室采用立体停车的方式,不仅大大增加停车泊位,还节省用地,增加了使用空间。

(5) 每隔两层设共享中厅,大量绿色植被引入,大大改善人们生活工作的空间环境。

2.5.2 设备设计中的绿色概念

(1) 采用了蓄冷蓄热技术,对于电力移峰填谷做出了贡献;

(2) 冷冻机组采用了 R134a 和 R123 环保冷媒;

(3) 空调水系统采用了一次泵变频变流量(VWV)系统,节约能源;

(4) 采用了四管制空调水系统,大温差供水(供回水温差为 10℃),供水量、水泵耗功大大减少,并且充分发挥了冰蓄冷技术的优势;

(5) 全楼采用了全空气变风量空调系统 VAV,新风量根据 CO_2 检测情况送风,并可以实现过渡季变新风工况运行,送排风联动控制,达到较大程度的节能;

(6) 由于采用了低温送风方式(送风设计温度最低可以达到 7.5℃),室内湿度较低,室内设计温度相应可以提高 1℃,在这样的环境中,人的舒适性会更强,室内空气品质更优。当然贴附性较好的高性能低温风口和地板送风风口等也为室内空气的改善作出了贡献；

（7）地下室汽车库采用 CO 浓度监控装置，控制送排风系统的运行，最大程度的节能。汽车排风也由屋顶高空排放；

（8）厨房的油烟经过高效净化装置处理后高空排放；

（9）空调冷却塔采用超低噪音设备，冷却水系统采用变频变流量设计；

（10）全楼进行了完善的 5A 级智能化设计，为设备节能运行提供了基本条件；

（11）建筑照明设计遵循《建筑照明设计标准》；

（12）所有设备选型多采用节能环保型设备。

第3章 工程建造关键技术

3.1 大面积地下室型钢混凝土柱结构施工技术

3.1.1 结构设计概况

本工程位于6度地震区，结构体型中尖角、层次变化较多，上部主体设有型钢混凝土梁式转换层和大跨度钢桁架高位转换层，属抗震不规则结构，通过计算分析、结构模型振动台试验，为有效提高房屋抗震性能，提高抗震延性，采用型钢混凝土结构。地下室结构平面见图3-1，布置了80根型钢配筋混凝土柱（典型截面见图3-2）。

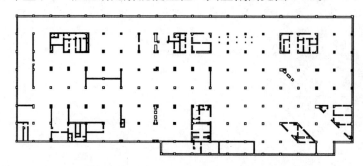

图3-1 地下室结构型钢混凝土柱平面布置

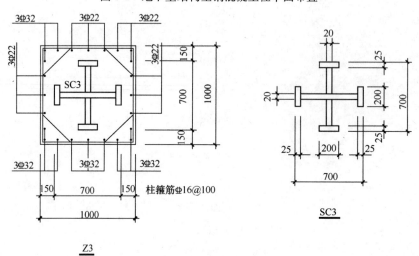

图3-2 典型型钢混凝土柱截面

3.1.2 主要施工技术难点

（1）浙电大楼地下室单层平面面积近9000m²，单层混凝土量约6000m³，基础底板混凝土量达 12000m³。大面积的地下室，在工期进度限制下，工作面较大，同时施工工作量大，对于常规土建各专业工种与钢结构协调部署的要求较高。

（2）大面积地下室构件较多，结构尺寸较大，尤其是人防区域。这使得钢柱与柱周主筋、箍筋，钢柱与通过钢柱的水平构件钢筋关系成为处理的重点。

（3）结构中钢柱的加入使得常规扎筋、支模等结构施工流程、工艺要求均须做出调整。否则，在地下室配筋量较大的情况下，会造成诸如：柱脚无法预埋、钢柱偏位、梁筋无法通过等多种问题，导致返工，严重影响进度。

3.1.3 钢结构深化设计

钢结构工程专业性相对较强，与常规土建结构施工过程相比，深化设计的要求尤为突出。钢结构的深化设计既要体现结构设计意图，满足相应要求，又要为制作和吊装提供依据。

由于本工程的结构特点，钢结构与钢筋混凝土结构结合紧密，尤其是钢筋与型钢柱相互穿越、互相关联。因此，钢结构的深化设计与土建的翻样之间的衔接和协调非常重要。

本工程施工中，对于每根钢柱，逐个梁柱节点出翻样图（详见图 3-3），确定钢筋连接板标高、穿筋孔洞数量、直径与位置。经设计方、土建方会签，并经监理方确认后方能下料制作。钢结构深化设计与土建施工的衔接主要注意了以下问题：

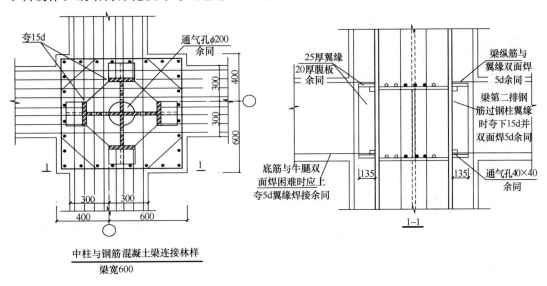

图 3-3 梁与钢柱连接典型节点

1. 钢柱每段的制作长度问题

在工厂制作条件和现场吊装能力满足的前提下，钢柱的制作长度并非越长越好。考虑到土建结构的施工段划分，以及钢柱的临时固定、自稳问题，还要考虑场外运输的可行性。本工程钢柱按层分段，一层一段，重量 1.67～6.066t，上下层接头位于楼面上 1.2m 处。型钢柱主要数据见表 3-1。

2. 水平钢筋穿孔的位置问题

钢筋混凝土梁与钢柱连接节点中，钢筋在钢柱段的过渡是保证结构符合设计模型的重要问题。本工程采用了钢柱穿孔通梁筋和梁筋与钢柱焊接两种结合的方式,既满足了结构设计中连续梁的计算模式,又考虑到了现场施工难度和焊接的质量。如图 3-4 所示。

型钢柱主要数据 表 3-1

层数 (地下)	标高范围 (m)	柱长 (m)	重量（kg）						
			SC1	SC2	SC3	SC4	SC5	SC6	SC6A
每米重量			796	740	517	427	348	1037	1037
第一层	−15.4～−9.55	5.85	4657	4329	3024	2498	2036	6066	6066
第二层	−9.55～−4.75	4.8	3821	3552	2481	2050	1670	4978	4978
第三层	−4.75～+1.00	5.75	4577	4255	2973	2455	2001	5963	5963

但采用这种方式在深化设计时要考虑施工误差的积累。根据 GB50204—2002,底模上表面允许偏差为±5mm;截面尺寸允许偏差+4、−5mm;绑扎钢筋骨架高度允许偏差±5mm;保护层厚度允许偏差±5mm。根据 GB 50205—2001,柱高允许偏差±3mm;同一层柱的各柱顶高度偏差 5mm。这说明钢柱制作长度和标高、现场钢柱安装标高、梁筋标高等均有一定允许偏差。当多种允许偏差叠加在一起时,往往造成梁截面与钢柱牛腿截面标高偏差,梁钢筋无法穿过钢柱预先留设的孔洞,如强行穿孔,势必造成梁跨近柱端钢筋缩进或露筋。要避免此类问题出现,除施工中加强控制外,深化设计时应考虑牛腿尺寸与梁截面相比不宜过大,应适当留有余地,保证孔位的基本准确,同时也要注意纵向、横向钢筋穿孔标高应错开,避免两个方向钢筋相碰。

3. 钢柱穿孔的孔径问题

浙电大楼钢柱穿孔的孔径为:钢筋直径（≤25mm）加 5mm 和钢筋直径（≥28mm）加 7mm,足可保证钢筋顺利通过,但还需考虑接头的型式,镦粗直螺纹接头由于需要对接头扩大,使得经过接头加工的钢筋无法穿越钢柱孔洞,孔径还应放大。

3.1.4 主要施工安排

3.1.4.1 结构施工流程

型钢混凝土柱结构施工顺序:钢柱吊装、耳板临时固定→钢柱接头施焊、探伤→耳板割除→柱主筋接长→柱箍筋绑扎→承重架搭设→梁底模铺设→梁筋绑扎、梁侧模与板底模安装→板筋绑扎、安装预埋→混凝土浇筑、养护。详见图 3-5。

常规土建各专业工种搭接的某些流程由于有了钢柱的影响而不再适用。例如:一般施工中木工支模时可以将梁板模板一次制作完成,梁筋绑扎可以采用支架吊起,待主筋、箍筋绑扎基本完成后再行放下入模。这种作业流程在型钢柱混凝土结构中会产生问题。由于梁筋穿钢柱,柱间长度一般在 8m 左右,梁筋无法吊起。此外,由于地下室梁截面一般较大、配筋较密,梁入模绑扎势必使得箍筋、扎丝等作业非常困难。浙电大楼施工中要求梁侧模、板模平面按梅花形跳格安装,给每根梁留出一侧用于绑扎,待绑扎完成后封闭剩下模板。

3.1.4.2 场地布置

由于工程位于市中心繁华地段,施工场地较为紧张,基坑周边距围墙距离 5～8m 左右。场地安排与常规工程不同,既要考虑常规土建工种加工、堆场,又要为钢结构现场安

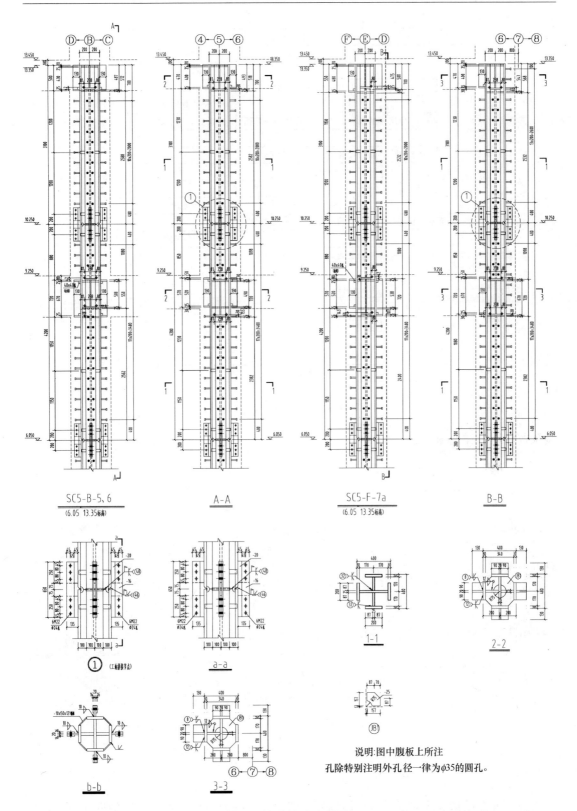

图 3-4 型钢柱典型翻样图

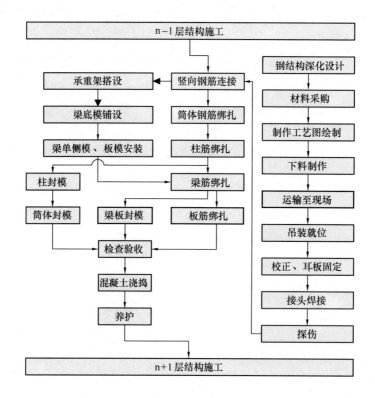

图 3-5 结构施工流程

装预留场地。详见图 3-6。

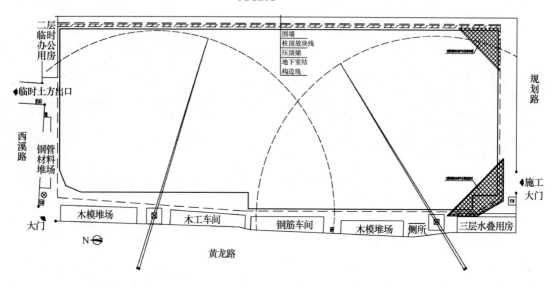

图 3-6 施工场地布置

因此考虑在基坑西部以及南面围墙外道路边设置临时钢构件堆场，钢构件加工后根据现场安装需求运输进场，临时堆放后即行安装。

3.1.4.3 加工安排

根据工程结构特点及施工需要，模板除梁底板定制加工外均考虑现场加工；钢筋现场加工；混凝土采用商品混凝土泵送；钢构件分段在车间加工制作，现场拼接组装。

3.1.4.4 起重机械配置

基于工程结构情况，施工机械设备安排以起重吊装机械为重点。本工程平面分布有80根钢柱，且处在基坑内，钢柱每米重量在1t左右，单根重量从2~6t，常规吊机难以满足要求。同时钢柱施工周期长，周边环境又不允许大吨位吊机进入。故钢柱吊装主要还应依靠塔吊。工程采用两台C7022塔吊，臂长70m，臂端起重量2.2t，可以覆盖地下室平面，满足66根钢柱吊装要求，但仍有14根无法直接吊装到位，需采用独立把杆辅助。塔吊吊装半径示意详见图3-7。

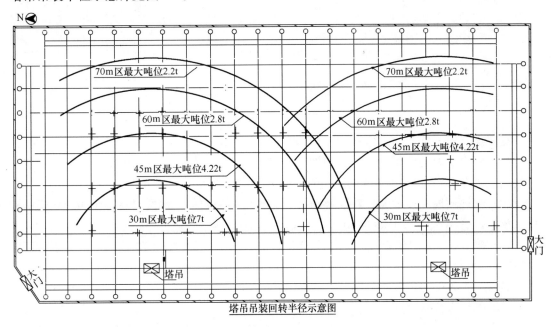

图 3-7 塔吊吊装半径示意图

3.1.5 柱脚螺栓预埋

型钢柱地脚螺栓位于地下室底板，有4根M36螺栓预埋件和8根M36螺栓预埋件两种规格。为满足在施工过程中柱脚定位以及预埋螺栓相对位置的要求，保证型钢柱顺利安装，柱脚螺栓采用固定支架法预埋，具体做法是依据01SG519图集加工支架（图3-8、图3-9），土建钢筋绑扎时放入，并与周边钢筋焊接牢固，避免混凝土施工时偏位。

柱脚预埋是钢柱现场施工的第一步，柱脚预埋平面位置和标高的准确，直接影响今后钢柱的施工，因此非常重要。柱脚位置一般在承台、地梁交叉部位，此处钢筋最为密集，并且有上、下排的主筋，有两个竖向、一个水平向共三个方向的箍筋，不管采用哪种方式，都应注意钢柱柱脚的预埋时机。本工程钢柱柱脚预埋采用预埋螺栓支架的方式。施工中，先将柱脚螺栓支架与梁筋一起架空，待绑扎完成后整体同步下降就位。

（1）固定支架就位前，土建在基坑垫层层面弹出纵横地梁轴线和钢柱底脚的轴线位

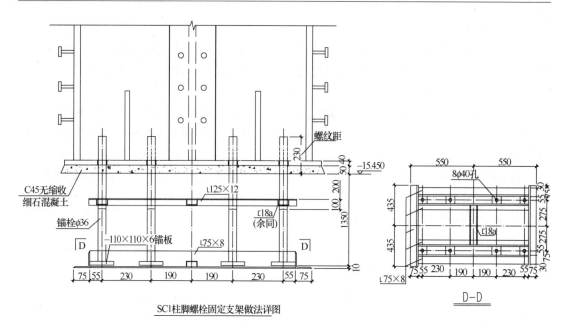

图 3-8 柱脚锚栓固定支架典型节点

置,在固定支架安装前与土建共同复核轴线尺寸。

(2) 固定支架安装位置不能影响地下室底板钢筋和地梁主筋受力性能。钢柱脚固定支架底面位置在 DL1-3 地梁二排钢筋之间,即下排钢筋之上,上排之下。

(3) 钢柱预埋螺栓固定架安装要与土建总包协调配合。严格按《高层民用建筑钢结构技术规程》(JGJ 99—98) 表中 11.11.3 高层钢结构安装要求控制偏差。

(4) 当地下室钢筋混凝土底板、地梁 DL1-3 上部钢筋及柱钢筋绑扎后,最后复核固定支架纵横轴线符合要求后,上部即可与柱筋及地梁两侧筋电焊固定,也可另加筋与相应柱、梁钢筋电焊,下部与桩筋焊牢,目的是确保地下室混凝土浇捣过程中固定支架不位移。

(5) 螺栓定位后必须纹牙部位涂黄油并加保护套(图 3-10)。

图 3-9 柱脚锚栓固定支架

图 3-10 柱脚锚栓预埋

3.1.6 型钢柱现场安装

3.1.6.1 钢柱供货

钢柱由厂内制作加工好后运至现场，现场需考虑钢柱堆场。由于大面积地下室工程钢柱量大，周边可供使用场地一般较小，因此钢柱加工运输顺序应与结构施工顺序相协调。

(1) 根据现场道路实际情况及塔吊所处的位置，供货北面构件走北门，南面构件卸在围墙外路边空地。

(2) 因为现场无多余的构件堆放场地，构件必须按照Ⅰ区→Ⅱ区→Ⅲ区→Ⅳ区吊装顺序及进度分层供应，每个构件进行编号。根据现场吊装进度计划提前一星期上报制造部，如计划有变化及时通知制造部。

(3) 构件进场后，每车货按送货清单数量及编号验收，发现问题及时通知制造部，按照图纸、规范及出厂合格证对构件的质量进行检查验收，主要检查构件的几何尺寸是否与图纸相符。对超规范的构件，在安装前要整改完毕。

(4) 钢构件的卸货全部使用两台塔吊，堆放区为塔吊周边零星场地，尽量在塔吊的回转半径之内，构件堆放在平整的场地上，堆放整齐、安全，防止构件受压扭曲变形，吊装前构件上如有污物，应清理干净。详见图3-11。

图 3-11 型钢柱

3.1.6.2 钢构件的安装顺序

(1) 吊装区域划分：13~18轴为Ⅰ区、9~13轴为Ⅱ区、5~9轴为Ⅲ区、1~5轴为Ⅳ区。每层划分都相同。详见图3-12。

(2) 吊装顺序：Ⅰ区→Ⅱ区→Ⅲ区→Ⅳ区。

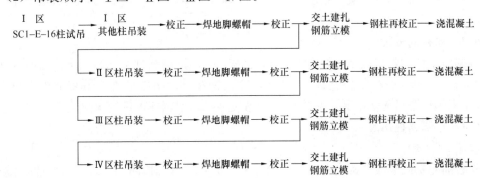

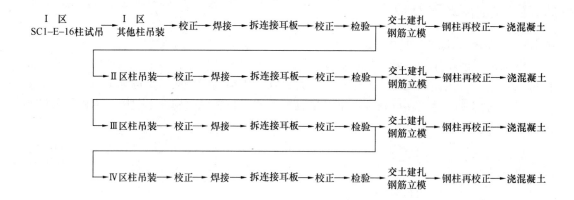

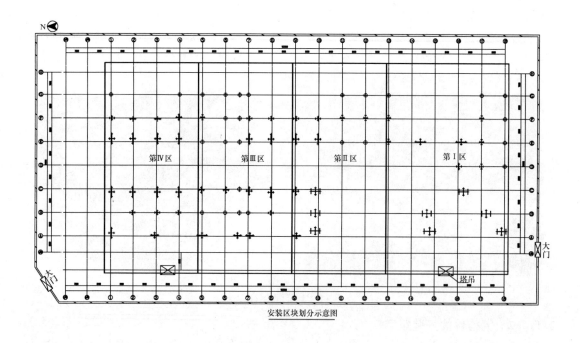

图 3-12 安装区块划分示意图

(3) 试吊：根据现场实际情况，选择Ⅰ区 SC1-E-16 柱第一吊试吊，然后从 A 轴向 H 轴依次吊装。

3.1.6.3 钢柱的分段

根据塔吊性能，将地下三层每根钢柱分为三段，每根钢柱的长度、重量不等，见表 3-2 说明。每一层共有 80 根钢柱，其中有 66 根钢柱可以用塔吊直接吊装至相应的位置，还有 14 根钢柱塔吊无法吊装，只能用土法吊装施工。型钢柱重量情况见表 3-1。

3.1.6.4 柱脚钢柱吊装

1. 基础检查

安装前对基础轴线、标高等进行验收检查，并进行基础检测和办理交接验收，做到符合设计要求和有关标准规定。支承面、地脚螺栓应符合表 3-2 和表 3-3 的规定。

支承面、地脚螺栓（锚栓）位置的
允许偏差（mm）　　表 3-2

项　目		允许偏差（mm）
支承面	标高	±3.0
	水平度	1/1000
地脚螺栓（锚栓）	螺栓中心偏移	5.0
	预留孔中心偏移	10.0

地脚螺栓（锚栓）尺寸的
允许偏差（mm）　　表 3-3

项　目	允许偏差（mm）
螺栓（锚栓）露出长度	+30.0 0
螺纹长度	+30.0 0

2. 柱脚钢柱吊装（图 3-13）

(1) 钢柱由厂内制作加工好后运至施工现场，进场后根据要求进行堆放，安装前需再一次对各构件进行全面检查，以免构件吊装后而无法安装。利用塔吊进行钢结构吊装就位工作。吊装时，要将安装的柱子按位置、方向放到吊装（起重半径）位置。

(2) 钢柱安装时，先将基础清理干净，并调整基础标高，然后进行安装。柱子安装时，注意调整柱的垂直度，固定好地脚螺栓。

(3) 安装前，用木工墨斗放好基础平面的纵横轴向基准线作为柱底板安装的定位线。

(4) 柱子吊装：根据柱子的种类和高度确定绑扎点，并应在柱底上部用麻绳绑好（为了避免吊起的柱子自由摆动）作为牵制溜绳的调整方向。吊装前的准备工作就绪后，指挥者发出试吊信号，由塔吊将钢柱进行试起吊，吊起一端高度为 200～300mm 时，发出停止信号，再对构件和各部位环节进行检查，特别是各吊具的安全性及牢固性是否安全可靠，无问题后再继续进行。板位于安装基础时，指挥者发出信号指挥塔吊缓慢下降，当柱底距离基础位置 40～100mm 时，调整柱底与基础两基准线达到准确位置，指挥塔吊下降

图 3-13　柱脚钢柱吊装

就位，并拧紧全部基础螺栓螺母，临时将柱子加固，达到安全方可摘除吊钩。继续按此法吊装其余所有柱子。

3. 钢柱校正

（1）柱子的校正工作一般包括平面位置、标高及垂直度这三个内容。

（2）柱子校正工作用测量工具同时进行。用经纬仪进行柱子垂直度的校正，校正时还要注意风力和温度的影响。

（3）钢柱吊装柱脚穿入基础螺栓就位后，柱子校正工作主要是对标高进行调整和垂直度进行校正。它的校正方法可选用经纬仪、缆风绳、千斤顶、撬杠等工具，对钢柱施加拉、顶、撑或撬的垂直力和侧向力，在柱底板与基础之间调整校正后用螺栓固定，并加双重螺母防松。

4. 柱脚灌浆

钢柱校正完成后进行二次灌浆，灌浆材料采用高强无收缩灌浆料（图 3-14）。

图 3-14 柱脚灌浆

3.1.6.5 上部钢柱吊装

（1）钢柱由厂内制作加工好后运至施工现场，进场后根据要求进行堆放，安装前需再一次对各构件进行全面检查，以免构件吊装后而无法安装。利用塔吊进行钢结构吊装就位工作。吊装时，要将安装的柱子按位置、方向放到吊装（起重半径）位置。

（2）钢柱安装时，先将基础清理干净，并调整基础标高，然后进行安装。柱子安装时，注意调整柱的垂直度，固定好地脚螺栓。

（3）柱子吊装（图 3-15）：根据柱子的种类和高度确定绑扎点，并应在柱底上部用麻绳绑好（为了避免吊起的柱子自由摆动）作为牵制溜绳的调整方向。吊装前的准备工作就绪后，指挥者发出试吊信号，由塔吊将钢柱进行试起吊，吊起一端高度为 200～300mm 时，发出停止信号，再对构件和各部位环节进行检查，特别是各吊具的安全性及牢固性是否安全可靠，无问题后再继续进行。指挥者发出信号指挥塔吊缓慢下降，当柱底距离标高位置 40～100mm 时，调整柱底达到准确位置，指挥塔吊下降就位，先将接头耳板（图 3-16）螺丝拧紧，临时将柱子加固，达到安全方可摘除吊钩，再进行施焊。在施焊过程中不断校正钢柱的垂直度。继续按此法吊装其余所有柱子。

第3章 工程建造关键技术

图 3-15 型钢柱吊装现场

图 3-16 钢柱耳板

3.1.6.6 钢柱把杆吊装

每层有14根钢柱塔吊无法直接吊装，采用塔吊吊运至楼面，平面驳运至安装位置，把杆。平面位置详见3-17，现场吊装情况详见3-18。

3.1.6.7 钢结构吊装安全措施

（1）在钢结构吊装过程中应注意听从指挥人员的指挥，旁人不得乱发信号，干预吊装。吊装时，所有人员不得随意从吊件及吊臂、吊架下穿过，必须做到"十不吊"和"七好"。

（2）现场"十不吊"：1）指挥信号不明不吊；2）安全装置失灵不吊；3）违章指挥不吊；4）超负荷不吊（超吊能力）；5）吊物上面或下面有人不吊；6）构件重叠堆放不吊；7）构件连接不牢不吊；8）光线黑暗不清不吊；9）吊具单钩用力不吊（失去平衡）；10）棱角构件、棱角部分没有隔离措施不吊。

（3）"七好"：1）统一指挥好；2）思想集中好；3）遵章守纪好；4）交接配合好；5）上下联系好；6）设备检查好；7）扎紧吊卸好。

（4）在吊装工作开始前，应对吊装机械进行一次安全检查，以确保安全。严禁起重机械超负荷运行。严禁在超过六级风以上的情况下进行吊装作业。

（5）在整个吊装过程中严禁无关人员进入吊装区域。在构件起吊时，吊运构件应缓慢，应在其两侧系上回绳，派人牵拉，以防构件碰撞其他物体，防止空中转动。

（6）吊索具应有6倍以上安全系数，捆绑用钢丝绳应有10倍以上安全系数。

3.1.6.8 钢柱与围护结构的关系处理

大面积地下室施工阶段必然牵涉到与围护结构的关系。除常规设计要求外，钢柱施工需注意两点：

1. 钢柱堆场

本工程地下室钢柱长度4.8~5.85m，重量2.498~6.066t，钢柱尺寸较大，分量较重，现场堆场面积较大，堆载也较大，由于场地限制一般都只能堆放在距坑边较近的位置。这势必对围护结构坑边15kPa堆载的常规要求有矛盾，应引起高度重视，避免堆载过大影响基坑安全。

2. 支撑标高

围护结构设计中，支撑立柱位置一般会避开地下室柱、墙等重要受力构件。但支撑梁

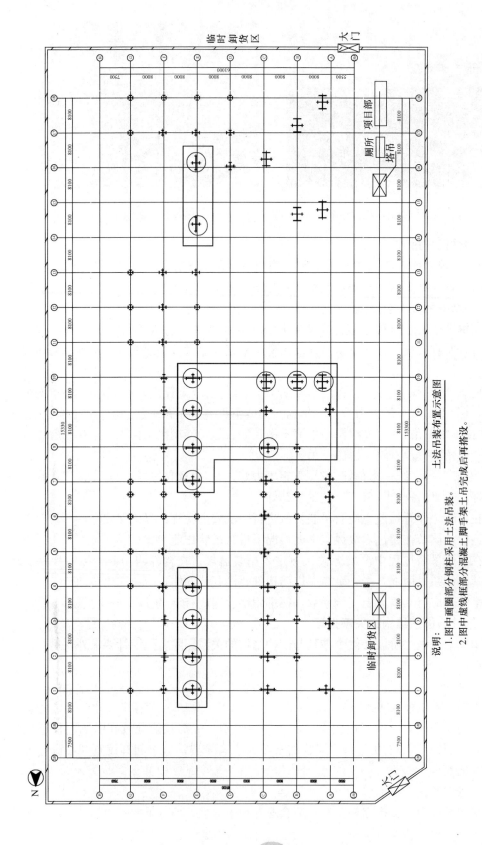

图 3-17 把杆吊装钢柱平面位置示意

图 3-18 把杆吊装

有可能与钢柱相碰（图 3-19）。这是因为支撑梁距楼面高度不高，一般在 1m 左右，而钢柱上下层接头位置一般考虑设置在楼面以上 1.2m 左右。因此深化设计时应注意参照围护设计图纸，围护设计时也要注意避开钢柱位置，避免施工安装过程中此类问题的产生。

3.1.7 模板工程

型钢混凝土柱截面尺寸一般在 800～1000mm，个别达 1350mm、1500mm、2000mm、2600mm。由于截面尺寸较大，采用整拼木模，外加槽钢柱箍固定（图 3-20）。

图 3-19 型钢柱与围护支撑情况

支模时等柱模立好后钢柱轴线与模板轴线对准，然后在钢柱与模板之间用钢筋撑牢，将钢筋点焊在钢柱上，另一端点焊在主筋上，使钢柱、钢筋、模板形成整体，以防在混凝土浇捣过程中偏位。

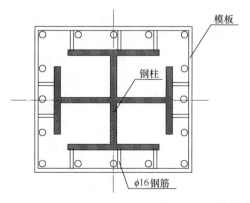 

图 3-20 型钢柱支模示意图

3.1.8 小结

浙电大楼主体已于 2004 年 12 月全面封顶，实测钢柱垂直度、柱顶高度差等数据均在规范允许范围内，未发生柱偏位等情况，结构实体检测数据均满足要求，效果良好。

大面积地下型钢混凝土柱结构的施工，面临排桩加三道内支撑的深基坑支护体系、单层近 1 万 m^2 的三层地下室、平面分布 80 根型钢混凝土柱、非常狭小的施工场地、进度工期紧张等难点。各难点既有自身施工难度，又相互穿插影响，既涉及各专业工序安排、满足施工需求的坑边堆载控制、吊装能力合理配置等施工部署安排，又涉及钢柱穿孔标高、孔径、连接板长度、支模扎筋工艺等技术深化与措施，以上相互结合，解决了过程中的各项难点，有机地构成了综合成套的施工技术。

根据本项技术内容编写的《浙电大楼大面积地下室型钢混凝土柱的设计与施工》刊登于《施工技术》2005 年第 4 期；《型钢混凝土柱结构施工工法》被评为浙江省 2003~2004 年度省级工法；《确保大面积型钢混凝土柱施工质量》QC 成果获 2004 杭州市建筑工程QC 小组活动一等奖（第一名）、2005 浙江省工程建设优秀质量管理小组（第一名）、2005 全国工程建设优秀质量管理小组（第一名）、全国优秀质量管理小组。相关省厅立项课题"型钢（劲性）混凝土结构施工技术"于 2007 年 8 月 3 日通过成果验收，被评为国内领先水平。施工阶段情况见图 3-21。

现浇钢筋（型钢）混凝土柱结构对于施工技术和管理水平提出了较高的要求，尤其是在大面积地下室施工阶段。实际施工中通过采取综合成套的针对性技术措施加强控制，完全可以保证结构的施工质量和工期进度。现浇钢筋（型钢）混凝土结构由于其优良的结构承载性能，将会得到越来越广泛的应用。

图 3-21　建筑物结构施工阶段外立面

3.2 高位大跨型钢混凝土梁式结构转换层施工技术

3.2.1 结构设计概况

本工程平面为矩形（地下室平面轴线尺寸 153.3m×61m），地下一层北区下沉式广场，与底层门厅、花园广场、绿化、水池形成错落有致的生态空间，柱网尺寸局部达 8m×16.2m，上部楼层为办公综合用房，柱网尺寸为 8m×8.1m。这对结构提出了转换的要求，为此结构设置了多根型钢混凝土转换大梁（KZL1、KZL2、KZL2a、KZL3、KZL4、KZL5、KZL6、KZL7、KZL8）。分布区域在三层（9.250m 标高）(1)~(10)/(A)~(F)和四层(13.450m 标高)(13)~(17)/(E)，具体详见表 3-4、图 3-22、图 3-23。

结构构件尺寸 表3-4

梁号	跨度	梁顶标高(m)	截面尺寸		型钢梁尺寸		配筋(mm)
			宽(mm)	高(mm)	宽(mm)	高度(mm)	
KZL1	(A)~(E)~(F)	10.250		1700~2500		1400~2200	
KZL2	(B)~(C)~(E)~(F)	9.250		1500~2500	600	1200~2200	
KZL2a							
KZL3	(B)~(C)~(E)~(F)						
KZL4	(3)~(7)	9.950	900	2200	400~600	1900	主筋20~32 箍筋14 Ⅲ级钢
KZL5	(C)~(E)~(F)	9.250		1500~2200		1200~1900	
KZL5a							
KZL6	(C)~(E)~(F)			1500~2500	600	1200~2200	
KZL7	(7)~(9)	9.950		2200		1900	
KZL8	(13)~(14)~(16)~(17)	13.450		1500~2200		1200~1900	

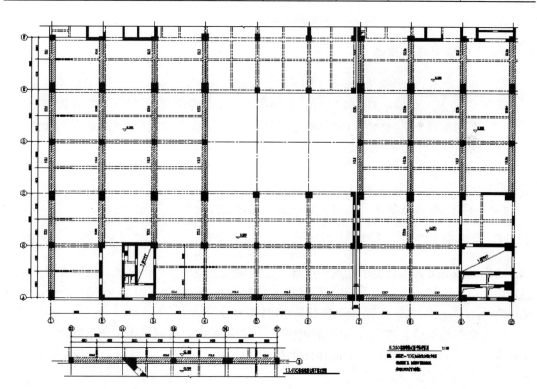

图3-22 转换层结构平面（图中阴影部位为型钢混凝土转换梁）

主要建筑标高：转换梁(1)~(3)轴间（除(2)~(3)/(B)~(C)区域）、(3)~(9)/(A)~(B)、(3)~(10)/(E)~(F)外，下部一层楼面结构标高-0.080、-0.900；(2)~(3)/(B)~(C)、(3)~(9)/(B)~(E)区域下部地下一层楼面结构标高-6.050m~-6.300m；(9)~(10)/(C)~(E)区域下部一层楼面结构标高-0.800m（上翻梁板面）。

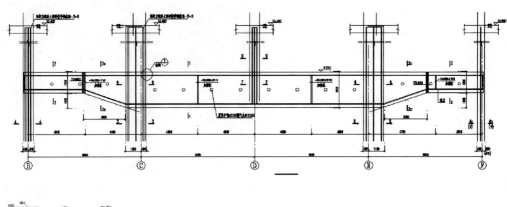

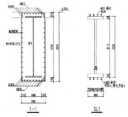

图 3-23 转换层型钢混凝土大梁典型剖面

3.2.2 主要施工技术难点

(1) 转换层施工涉及钢结构安装、脚手架、模板、钢筋等专业，与常规土建转换层施工有所差异，其工艺流程的确定关系各专业的顺利衔接以及后续专业的操作空间，显得非常重要。

(2) 型钢混凝土梁截面大（900mm×2500mm）、荷载重（线荷载约58.5kN/m）、跨度大（16m），其支模体系必须安全可靠，同时又能保证质量。

(3) 型钢梁截面600mm×2200mm，距大梁截面边距离仅15cm，混凝土施工质量控制难度较大，尤其是梁底混凝土的振捣密实。

(4) 施工场地非常狭小，工期紧对于施工部署安排提出了很高的要求。

3.2.3 主要施工安排

考虑到型钢梁大部分位于建筑物中部，工程周边场地较小，吊装机具能力有限，型钢梁采用平面楼层驳运、把杆吊装。型钢梁吊装顺序为 KZL1→KZL2（两根）→KZL7→KZL3→KZL5a→KZL6→KZL2a→KZL5→KZL4→KZL8。

考虑到钢结构吊装难度，在钢结构搬运、吊装区域内，支模承重架暂不搭设。楼面采用枕木分散荷载，保证设计要求的楼面承载力不大于 $10kN/m^2$。型钢梁吊装完成后搭设承重架进行转换层混凝土结构施工。

二层梁板结构完成后，该部位施工顺序：二层钢柱吊装→二层墙柱扎筋支模→二层墙柱混凝土浇捣→三层钢梁吊装→承重架搭设→三层梁板扎筋支模→混凝土浇捣。

3.2.4 型钢大梁现场安装（图 3-24、图 3-25）

3.2.4.1 钢构件供货

(1) 根据现场道路实际情况及塔吊所处的位置，供货北面构件走北门，南面构件卸在

第3章 工程建造关键技术

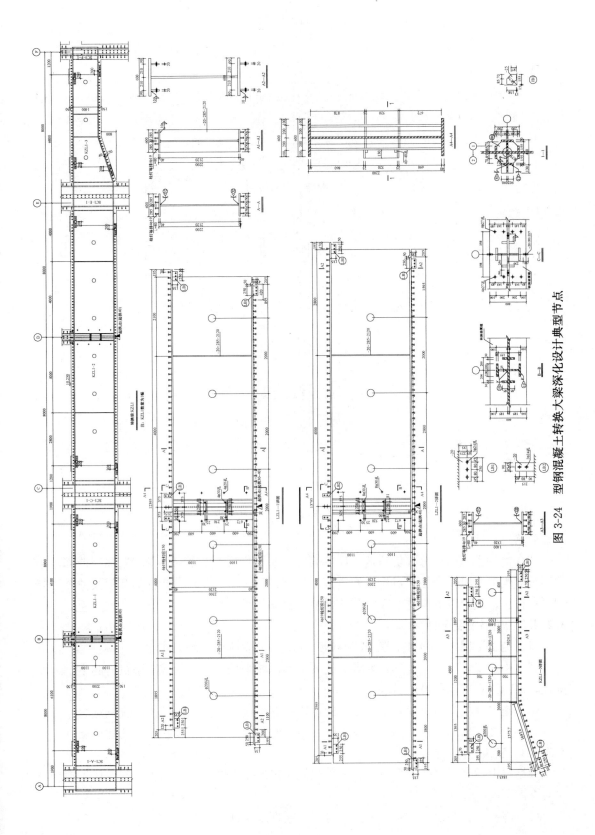

图 3-24 型钢混凝土转换大梁深化设计典型节点

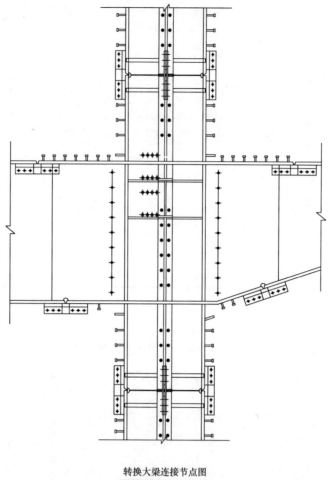

转换大梁连接节点图

图 3-25　型钢混凝土大梁连接节点

围墙外路边空地。

（2）构件进场后，每车货按送货清单数量及编号验收，发现问题及时通知制造部，按照图纸、规范及出厂合格证对构件的质量进行检查验收，主要检查构件的几何尺寸是否与图纸相符。对超规范的构件，在安装前要整改完毕。

3.2.4.2　现场安装条件

（1）施工工期短，而且土建须同时施工，上、下立体交叉施工作业。

（2）构件安装的位置太远，要求吊机的工作回转半径很大，形成了吊机的起重量大大降低，不能满足构件的吊装需求。

（3）施工现场空地很少，吊机停放的位置不够，特别是大吨位的吊机更麻烦。

（4）大楼四周的回填土的土质较松软，不能满足大型吊机工作状态下的承压条件。

3.2.4.3　安装方案选择

根据以上的客观实际情况研究、分析我们决定采用把杆吊装来施工。我们认为把杆吊装具有以下的优势和可靠性。

（1）把杆吊装的设备轻巧、灵活，可以不受现场条件的限制。

(2) 把杆吊装的设备占地面积很小,不需要地基有很大的承压条件和较大的面积。

(3) 把杆吊装的设备装、拆、移都很方便、转移灵活,可以实现多杆组合相互联吊。

(4) 把杆吊装的设备可以预先布设,提前做好准备,和土建的施工不受很大的影响。

(5) 把杆吊装吊装平稳没有较大的冲击和震动,而且可进行预先试吊,可以确实保障被吊构件的安全和质量。

(6) 把杆吊装无噪音,没有污染、符合卫生条件和环境保护的要求。

综合考虑,型钢转换大梁现场安装采用平面驳运、把杆吊装的方案。驳运及现场路线详见图 3-26、图 3-27。

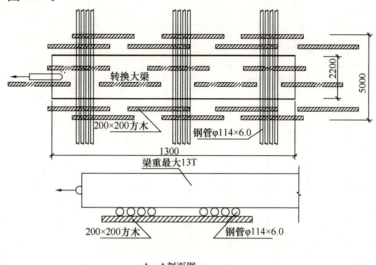

图 3-26 型钢混凝土转换大梁楼面驳运示意

3.2.4.4 吊装顺序

(1) 转换大梁吊装施工前,地面梁板混凝土、型钢柱混凝土柱的强度要求达到设计要求。

(2) 吊装 KZL1 梁长 40m、重 36t,分三段:A~C 轴一段、C~E 轴一段、E~F 轴一段。

(3) 吊装 KZL2 梁长 32m、重 28t(以下重量略述,因为分段的缘故)也分三段 B~C 轴一段、C~E 轴一段、E~F 轴一段。

(4) 吊装 KZL2 梁长 32m,分三段:B~C 轴一段、C~E 轴一段、E~F 轴一段。

(5) 吊装 KZL7 梁长 16m 一段。

(6) 吊装 KZL3 梁长 32m,分三段:B~C 轴一段、C~E 轴一段、E~F 轴一段。

(7) 吊装 KZL5a 梁长 24m,分二段:C~E 轴一段、E~F 轴一段。

(8) 吊装 KZL6 梁长 24m,分二段:C~E 轴一段、E~F 轴一段。

(9) 吊装 KZL2a 梁长 32m,分三段:B~C 轴一段、C~E 轴一段、E~F 轴一段。

(10) 吊装 KZL5 梁长 24m,分二段:C~E 轴一段、E~F 轴一段。

(11) 吊装 KZL4 梁长 32m,分二段:5~7 轴一段、3~5 轴一段。

(12) 吊装 KZL8 梁长 32m,分三段:13~14 轴一段、14~16 轴一段、16~17 轴一段。

把杆点位置详见图 3-28。

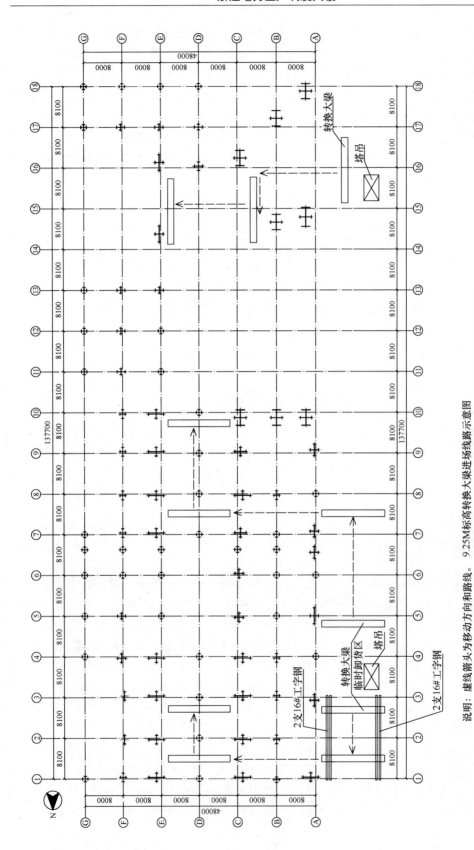

图 3-27 型钢转换大梁进场线路示意（一）

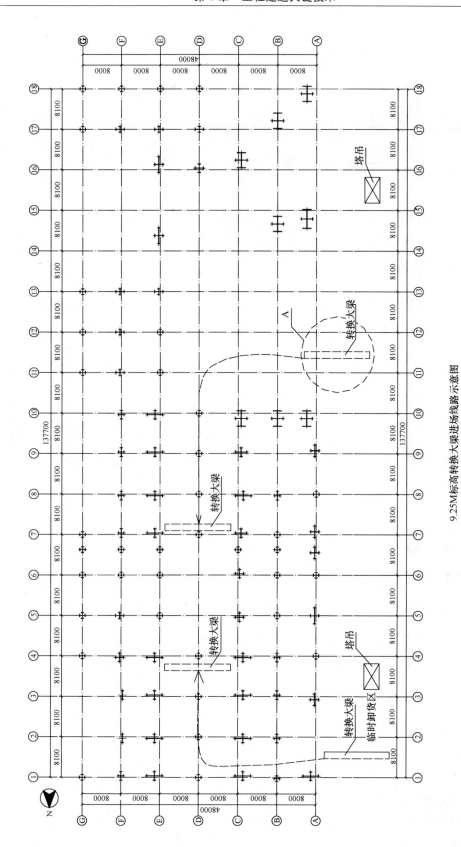

图 3-27 型钢转换大梁进场线路示意（二）

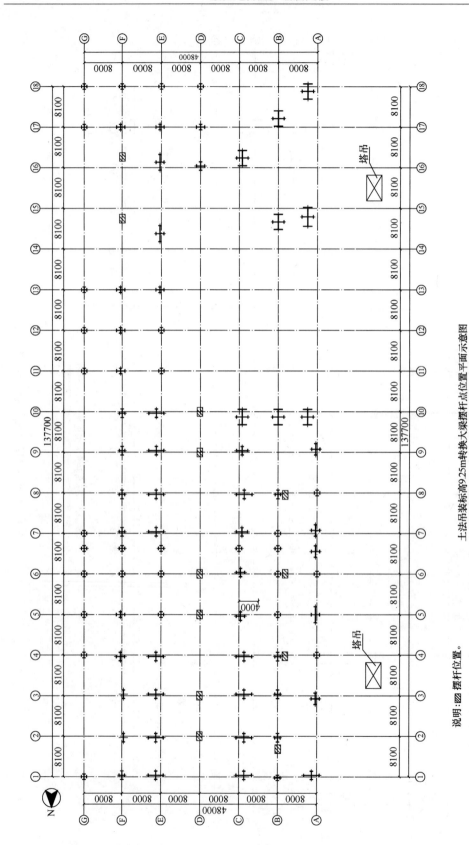

图 3-28 型钢转换大梁吊装把杆点位置平面示意（一）

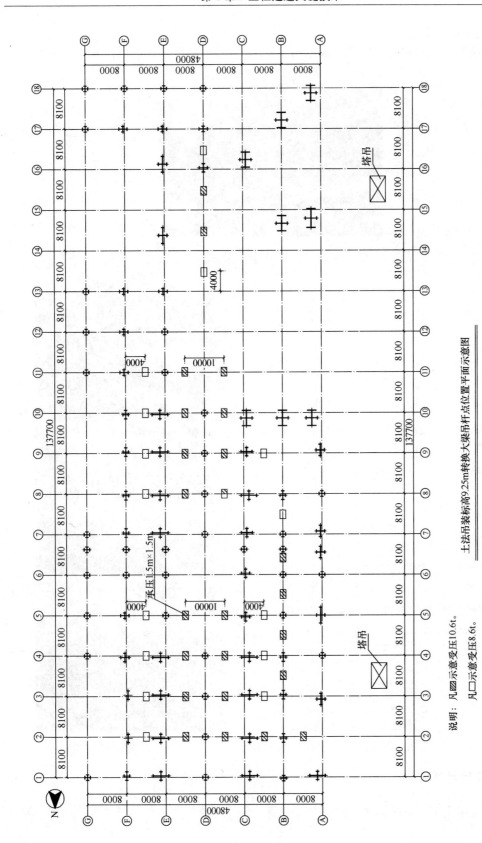

图 3-28 型钢转换大梁吊装吊杆点位置平面示意（二）

3.2.4.5 吊装过程

吊装过程、梁端临时安装平台详见图3-29、图3-30和图3-31。

图3-29 型钢转换大梁吊装

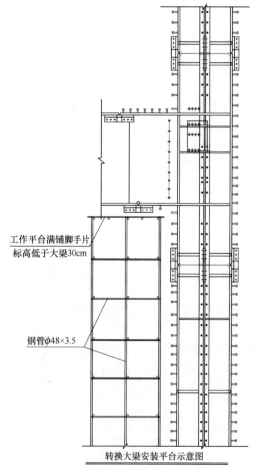

图3-30 型钢混凝土大梁临时安装平台示意

图3-31 型钢转换大梁吊装

3.2.5 模板承重架

型钢混凝土梁式转换层梁板区域下部承重架高度大体分为三种（具体分布区域、立杆布置详见图3-32）：

第3章 工程建造关键技术

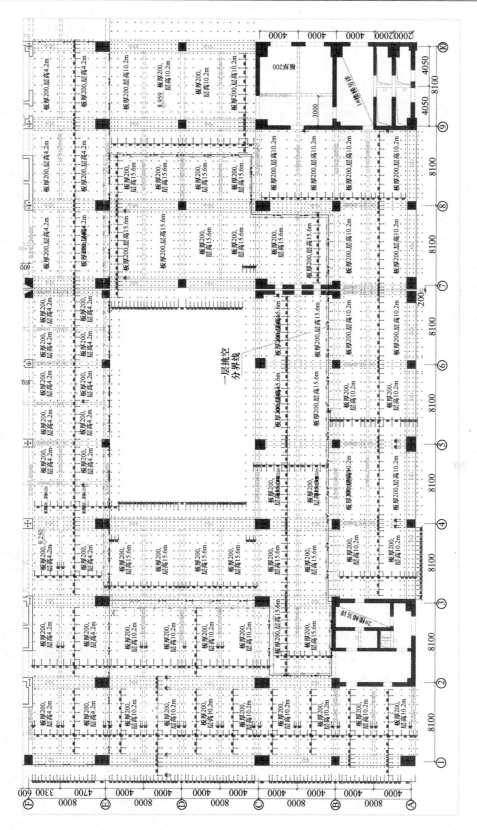

图 3-32 转换层承重架立杆平面细排

（1）由于二层、一层楼面留空，架体自地下一层下沉式广场区域开始搭设，高度约15～15.6m；

（2）由于二层楼面留空，架体自一层楼面开始搭设，高度约9.3～10.5m；

（3）架体自二层楼面开始搭设，高度约4.2m。

本层施工期间，地下二层以上承重架不得拆除，地下三层承重架梁底支架不得拆除。型钢混凝土大梁承重架搭设具体尺寸要求如表3-5所示：

型钢混凝土大梁承重架搭设具体尺寸要求　　　　　　　表3-5

梁说明	劲性混凝土梁，截面900×2500
立杆布置 （纵距、横距）	跨度方向：（Ⅰ）型架不大于450，（Ⅱ）、（Ⅲ）型架不大于400。 宽度方向：400、450，梁底设两根立杆
水平杆布置（步高）	设扫地杆、牵杠双向拉结。 步高：不大于1200
剪刀撑、斜撑布置 （竖向、水平）	跨度方向：设两道竖向剪刀撑。 宽度方向：以梁为中心的六根立杆区域内设置竖向剪刀撑。 高度方向：每隔两排设置一道水平剪刀撑
钢管、扣件	钢管、扣件不得采用锈蚀、使用时间长的材料。 立杆连接均需采用双扣件
备注	架体与周边梁板承重架、已完混凝土结构双向拉结，连成整体。 立杆尤其是梁底立杆，不得搭接。立杆接头50%错开。 梁底方木加密，梁底小横杆与立杆接头采用三扣件。 (D)/(1)～(4)、(7)～(10)处大梁底注意加固，也可采用钢管格构柱型式，柱四角各设四立杆，立杆间按格构柱型式用扣件固定，钢管格构柱与周边架体连成整体

对高支撑架要求如下：

（1）立杆底部必须设置底座或垫板。

（2）架体必须设置纵、横向扫地杆。纵向扫地杆应采用直角扣件固定在距底座上皮不大于20cm处的立杆上。横向扫地杆亦应采用直角扣件固定在紧靠纵向扫地杆下方的立杆上。当立杆基础不在同一高度上时，必须将高处的纵向扫地杆向低处延长两跨与立杆固定，高低差不应大于1m。靠边坡上方的立杆轴线到边坡的距离不应小于500mm。

（3）立杆接长除顶层顶步可以采用搭接外，其余各层各步接头必须采用对接扣件连接。立杆上对接扣件应交错布置，接头错开距离大于500mm。各接头中心至主节点的距离不宜大于步距的1/3。搭接长度不应小于1m，应采用不少于2个旋转扣件固定，端部扣件盖板的边缘至杆端距离不应小于100mm。

（4）立杆应竖直设置，2m高度的垂直允许偏差为15mm。

（5）设在支架立杆根部的可调底座，当其伸出长度超过300mm时，应采取可靠措施固定。

（6）满堂模板支架四边与中间每隔四排支架立杆应设置一道纵向剪刀撑，由底至顶连续设置。

（7）高于4m的模板支架，其两端与中间每隔4根立杆从顶层开始向下每隔2步设置一道水平剪刀撑。

（8）剪刀撑斜杆的接长采用双扣件搭接。

(9) 架体须采用力矩扳手检查，保证扣件拧紧力矩达到要求。

(10) 架体搭设使用的钢管、扣件等材料必须按规定进行验收，保证材质优良。

(11) 高度不同的模板支撑架交界处应加设一排立杆。

为充分保证承重架施工安全，在架体中设置应力监测，根据监测数据进行安全监控。具体内容详相关检测报告。

3.2.6 模板工程

3.2.6.1 柱模板

(1) 转换层下柱截面一般为 800mm×800mm、1000mm×1000mm、1000mm×1500mm 三种。

(2) 柱模面板采用木质胶合板，背楞采用 60mm×80mm 方木，柱箍采用 12#槽钢（宽加 400），间距不大于 500mm。

3.2.6.2 大梁模板

(1) 型钢大梁模板采用木质胶合板，背楞采用 60mm×80mm 方木，支撑采用 $\Phi48\times3.5$ 钢管。

(2) 大梁侧模采用对穿螺杆拉结（$\phi12@600$），布置见图 3-33。螺杆沿梁跨度方向间距为 500mm。钢梁螺杆孔直径 20mm。

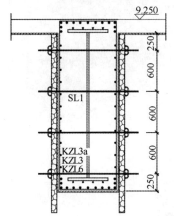 

图 3-33 型钢混凝土大梁对穿螺杆布置

(3) 大梁截面 900mm×2500mm，估算线荷载约 58.5kN/m，下部空间高度约 15m，支模承重架也是保证工程安全、质量的重点。实际施工中除相应的设计计算并进行专家论证外，主要采用了以下技术措施：

1) 进行立杆平面布置的细排，保证方案实施的可行性。

2) 梁板下承重架必须用水平杆、剪刀撑拉通形成整体。

3) 架体高度方向隔两排设置一道水平剪刀撑。

4) 垂直剪刀撑设置考虑每个板块纵横双向各设三道，一般布置在两侧和中间。临边的型钢混凝土大梁垂直剪刀撑在跨度方向上每隔一排设置一道剪刀撑。

5) 架体与已完柱体抱箍拉结。

6) 承重架以下第一层承重架不得拆除，再下部楼层梁承重架不得拆除。

7）搭设中立杆位置可按实际情况就近调整，不得随意取消。

8）不同搭设尺寸架体交界处垂直于分界线每隔一排设置一道剪刀撑。

9）（D)/(1)～(4)、(7)～(10)处大梁底注意加固，也可采用钢管格构柱型式，柱四角各设四立杆，立杆间按格构柱型式用扣件固定，钢管格构柱与周边架体连成整体。

3.2.7 钢筋工程

钢筋绑扎现场情况详见图 3-34。

图 3-34 转换层结构施工

3.2.8 混凝土工程

（1）三层层高 4.2m，钢梁截面高度 2.5m，实际钢柱自由高度约 1.7m，为保证结构刚度，部署中尽量考虑柱混凝土先行施工。

（2）考虑模板支撑架因素，混凝土浇捣方向考虑对称散开。

（3）由于梁截面较高（2500mm），宽度不大（900mm），且中部设有 600mm×2200mm 的钢梁。因此梁底混凝土的振捣质量是重点。除常规技术措施及加强管理外，拟设置附着式振捣器。

(4) 由于该部位配筋较密,钢柱、钢梁截面尺寸较大,故混凝土振捣是重点。振捣前须全面检查操作面,预先考虑振捣棒插入位置;坍落度要求在 18cm 左右,保证混凝土流动性;振捣时注意对称多点振捣,同时也要避免过振。

(5) 为进一步保证混凝土施工质量,采用了自密实混凝土。

(6) 拆模后混凝土情况详见图 3-35。

图 3-35 型钢混凝土大梁拆模后混凝土

3.2.9 小结

浙电大楼目前已全面结顶,转换层结构检验批分项评定、观感质量、实体检测等均符合设计及规范要求,有效地保证了工程的顺利完成。结构成品情况详见图 3-36。

高位大跨型钢混凝土梁式结构转换层是近年来开始广泛应用的梁式结构转换层型式,其与常见的预应力梁式结构转换层相比,在专业工序交接方面更为紧密,在吊装能力、机械配置方面要求更高,在总体进度限制下的施工部署安排难度更大。高位大跨型钢混凝土梁式结构转换层施工技术的总结,将对今后类似结构施工提供具有较强指导性的技术资料。此外,型钢混凝土大梁由于有型钢梁的存在,其在混凝土浇捣后的过程内对下部支撑结构的荷载变化情况与常规钢筋混凝土大梁应有所不同,值得在今后进行专题的研究。

根据本部分主要内容撰写的论文刊登于《建筑技术》2006 年第 5 期。相关省厅立项课题"型钢(劲性)混凝土结构施工技术"于 2007 年 8 月 3 日通过成果验收,被评为国内领先水平。

图 3-36 型钢混凝土梁式转换层成品

现浇钢筋（型钢）混凝土柱结构对于施工技术和管理水平提出了较高的要求，尤其是在大空间、重荷载的结构部位。实际施工中通过采取针对性技术措施加强控制，完全可以保证结构的施工质量、安全和工期进度。现浇型钢混凝土结构由于其优良的结构承载性能，将会得到越来越广泛的应用。

3.3 高位大跨度钢结构桁架转换层施工技术

3.3.1 结构设计概况

结构于 A 筒体与 F 筒体间，跨越 G 筒体，10F～12F 楼面位置，设置了高位大跨度钢结构桁架转换层。桁架下弦所在楼板对应 10F 楼面，上弦所在楼板对应 12F 楼面，中部不设 11F 楼面。下弦楼板为压型钢板—钢筋混凝土组合楼板，下部钢连梁支承；上弦楼板为钢筋混凝土梁板，下部钢连梁支承。转换层下至地下室顶板均为净空，转换层上设12F、13F、14F、屋面及构架层。转换层平面详见图3-37。

钢桁架转换层部位设计 10F 楼面结构标高 38.650m，12F 楼面结构标高 47.050m。结构柱顶（桁架支座）标高为 37.810m。

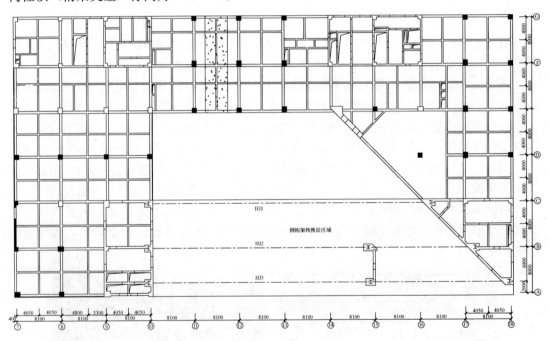

图 3-37 钢桁架转换层平面位置

桁架转换层由 HJ1、HJ2、HJ3 三榀钢桁架组成（图 3-38）。钢桁架下弦底标高 37.850m，上弦顶标高 46.450m。弦杆均采用 600×600 截面钢箱梁，钢板厚 40mm；腹杆采用截面 500×600 的焊接工字钢，钢板厚 40/30mm；弦杆间连梁采用 Q235 热轧 H 型钢 H600×200×11×17；压型钢板采用 YX75-200-600（0.8）。

上、下弦楼层板厚均为 200mm。

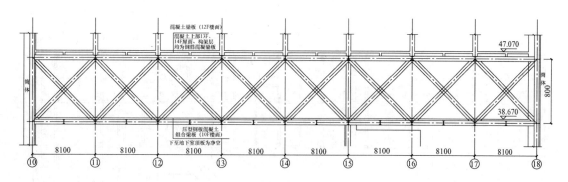

图 3-38 转换层典型桁架立面

3.3.2 主要施工技术难点

(1) 为了保证桁架各阶段受力与计算模型情况吻合，设计要求桁架在主体结构施工阶段保持简支型式，即在主体结构完成前，桁架两端与筒体相连部分混凝土不得浇筑封闭。由此，后浇段的划分、浇捣的先后次序等安排也是转换层施工的关键问题。

(2) 钢桁架两侧与型钢混凝土筒体连接，上部为钢筋混凝土结构楼层，各结构部位涉及不同专业工种，其施工工艺流程的确定也是转换层施工中保证质量、进度、安全的难点。

(3) 三榀钢桁架是转换层的主要支承结构，单榀重量近 200t，安装高度在 40m 左右，其吊装方案的合理性和可行性关系到转换层施工的关键。

3.3.3 主要施工技术措施

(1) 根据设计对桁架受力模式要求，结构留设施工缝 B 部位后浇，待所在区域结顶后，方可浇筑封闭施工缝 B 范围内结构。

(2) 桁架转换层区块与周边结构以施工缝 A 分开，进度随钢结构进度灵活调整，周边结构仍可按正常进度保证施工。

(3) 桁架处原后浇带移至 (13) ~ (14) 轴间。

(4) 后浇部位采用与所在楼层结构相同强度等级的细石混凝土，如浇捣困难可采用高强无收缩灌浆料（与柱脚灌浆料同），楼面后浇带采用后浇带混凝土。

(5) 结构自 9F 楼面起于 F 筒体西北角加设临时混凝土支撑柱，柱截面尺寸一侧与梁同宽，另一侧为 500，配筋 12 Φ 16，$\phi 8@200$。

桁架转换层区域施工缝、后浇带及临时混凝土支撑柱布置详图 3-39。

3.3.4 施工顺序

转换层区块按如下顺序施工：

(1) 土建施工至柱顶 (37.810m)，楼层施工至 10F 楼面。与此同时，钢桁架地面拼装。

(2) 钢桁架吊装，连梁、压型钢板安装。

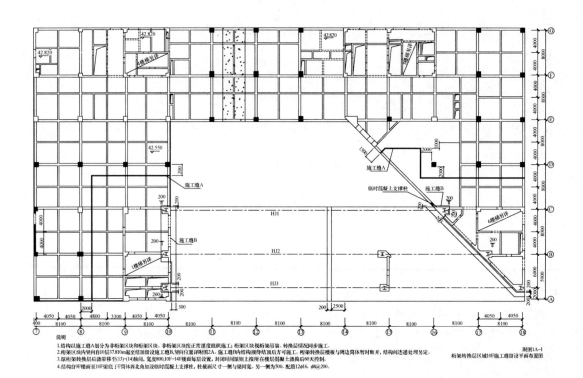

附图1A-1 桁架转换层区域10F施工缝留设平面布置图

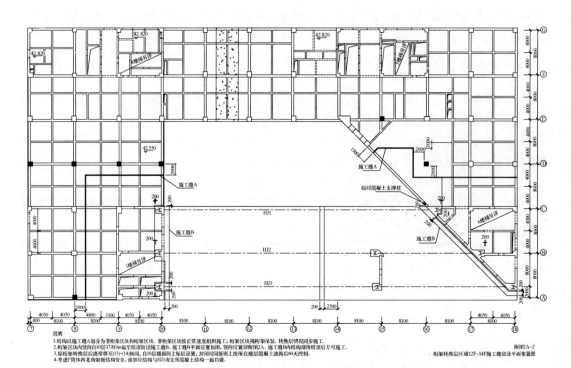

附图1A-2 桁架转换层区域12F-14F施工缝留设平面布置图

图 3-39 桁架转换层区域施工缝、后浇带设置（一）

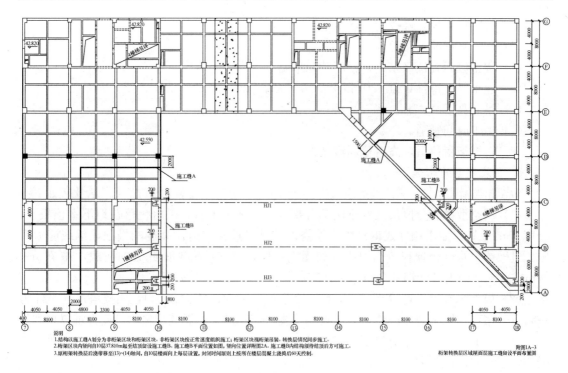

图 3-39 桁架转换层区域施工缝、后浇带设置（二）

(3) 柱筋、墙板筋绑扎，12F 支模承重架搭设。

(4) 12F 结构扎筋（含插筋）、支模、混凝土浇捣（施工缝 B 内混凝土结构后做）。

(5) 12F 楼面～屋面结构施工。

(6) 桁架高度区段内墙板、支座混凝土结构（即施工缝 B 范围内后做部分）施工。

3.3.5 钢结构安装

3.3.5.1 吊装方案分析

转换层钢结构吊装主要考虑三榀钢桁架，其余连梁、压型钢板构件重量较轻，现场配备的 C7022 塔吊可以满足吊装要求。

1. 钢桁架简况（表 3-6）

钢 桁 架 简 况   表 3-6

编号	中心线跨度	宽度	高度	重量	安装标高	安装坐标
HJ1	50.515m	0.7m	8m	191t	上弦 46.17m 下弦 38.17m	(10)/(C)～(16)/(C)
HJ2	40.15m+16.55m	0.7m	8m	188t	上弦 46.17m 下弦 38.17m	(10)/(B)～(15)/(B)～(17)/(B)
HJ3	50.515m+24.65m	0.7m	8m	197t	上弦 46.17m 下弦 38.17m	(10)/(A)～(15)/(A)～(18)/(A)

钢桁架材料 Q345，上、下弦杆是箱形结构，腹杆是 H 型杆。

2. 施工现场条件

(1) 构件进场门小，路面狭小。

(2) 拼装场地少，堆放构件场地不够。

(3) 施工区域离马路近。

(4) 施工区后方位（东向）紧邻黄龙雅苑。

(5) 起重吊装单件重量180t以上，属于大型吊装工程。

(6) 吊装高度高47m。

(7) 施工时间紧迫。

(8) 钢桁架就位后，高空稳固难度大。

3. 安装方案的比选

对于此类桁架结构，常规有高空散拼、整体吊装、分段吊装等几种方法，综合比较如下：

(1) 高空散拼和分段吊装的方法都需要有高空施工平台，平台坐落在地下室顶板上，高度45m左右。如用扣件式钢管脚手架搭设，已接近架体搭设高度的极限，承载能力有限，且架体自重已令顶板负荷过大。如用钢结构，要支承桁架如此大的荷载，在70m×30m×45m空间内设计钢平台粗略估计需用材近1000t，显然不现实。

(2) 桁架单榀重量均接近200t，C7022塔吊最大起吊能力仅16t，如按塔吊起吊能力进行分段吊装，则桁架分段数过多，现场焊接工作量过大，焊接质量和进度都难以得到保证，并且作业人员高空作业过多，安全控制难度大。同时，高空分段拼装也涉及支撑平台问题，实现可能性不大。

(3) 转换层北、东、南三面均为大楼主体结构，西面距道路围墙距离10～18m，且部分为地下室顶板。场地条件难以满足停放大吨位吊机的要求。而300t吊机、30t伸距情况下，起吊能力只有18t，同样不适用。

(4) 桁架长度48～65m，工厂一次制作成型也不现实，因为运输车辆长度，运输道路、桥梁承载能力也有限制（钢结构加工车间位于萧山）。

4. 确定的安装方案

通过反复研究讨论，确定对桁架转换层钢结构吊装采用如下方案：

(1) 桁架分段在车间制作、预拼，运输至现场地面胎膜利用C7022塔吊吊装拼接成型后，采用定制大吨位把杆吊装至设计标高。

(2) 桁架间钢连梁在车间一次制作成型，运输至现场后，采用C7022塔吊吊装。

(3) 桁架楼面压型钢板采用C7022塔吊吊运至楼面安装。

3.3.5.2 吊装安排

1. 吊装顺序

三榀桁架各有特点，HJ3吊装重量最大，HJ2吊装中需要高空旋转且贴近建筑物最近距离仅400mm，HJ1跨度最大（达48m）。

(1) 首先吊装桁架HJ3长64.8m、高8m（中心线）、重197t。

(2) 其次吊装桁架HJ2长56.7m、高8m（中心线）、重188t。

(3) 最后吊装桁架HJ1长48.6m、高8m（中心线）、重191t。

(4) 作业顺序：现场胎膜制作→立吊杆作吊装准备→钢桁架拼装→绑扎吊件→安全检查→试吊→安全检查→正式起吊→变幅收杆找正安装坐标→下降构件→基础就位→加拉抗风缆绳→仪器测量找正→支撑稳固杆进行安检、松钩卸载、拆卸起重索具→移动吊杆进行下一次吊装准备。

2. 吊装设备及布置

（1）吊杆采用自制格构式吊杆（图3-40），长度60m（1.2m/节×50节），底部、中部、顶部截面分别为0.8m×0.8m、1.3m×1.3m、0.8m×0.8m，主肢杆4L200×200×16mm 腹杆 L75×75×6mm。单根吊杆自重约25t，最大起重量120t。

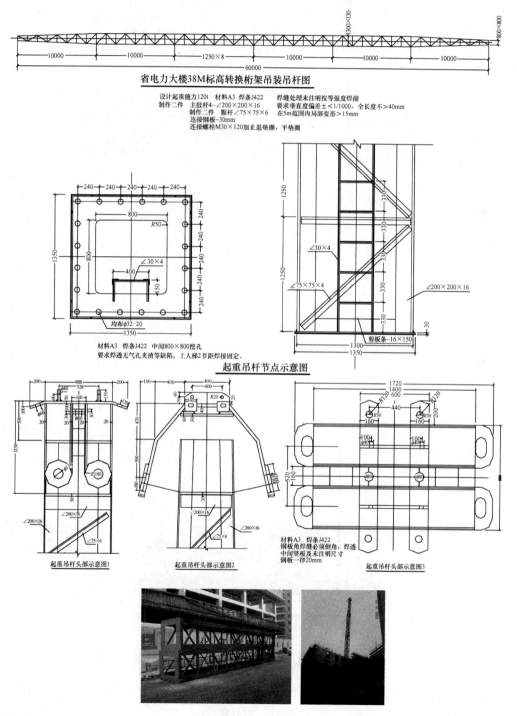

图3-40 把杆

(2) 吊杆底部有受力底盘，型钢制作 2.5m×2.5m 的焊接构件，吊杆与底盘采用铰接。如图 3-41 所示。

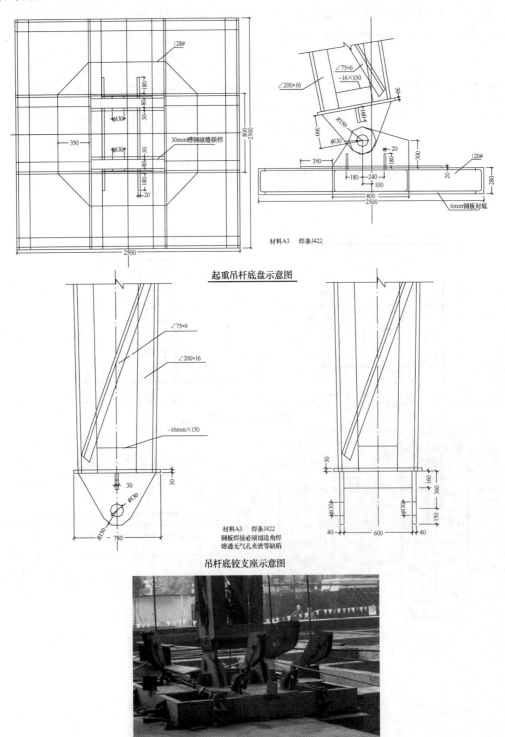

图 3-41 把杆底座

(3) 起重滑轮 H80×50D 共 4 组,起重钢丝绳 ϕ26mm800m/根×4 根,安全系数=5。

(4) 起重卷扬机是电动慢速卷扬机,起重能力 10t,起升速度 10.0m/min×4 台,见图 3-42。

(5) 吊杆受力主缆绳最大 28t,使用 2 组 H20-4D 滑轮组调节变幅、牵引力 3.0t,起重钢丝绳 ϕ18mm、安全系数=8,动力为 5t 卷扬机。

(6) 其他缆风钢丝绳 ϕ26mm。

(7) 每支吊杆 2 套起重滑轮组,采用平衡吊梁抬吊,保持均匀负荷。每一组滑轮组使用 2 台卷扬机起重,使用平衡滑轮来平衡,保持均匀负荷。

图 3-42 卷扬机

(8) 吊装桁架 HJ3 时,吊杆立在 B 轴线上,甲杆设在 12 轴,乙杆设在 16 轴,甲、乙两吊杆的起吊方向为西面,都向西倾斜 10m,主受力缆绳各二根都布置在 G 轴上的钢筋混凝土柱脚上,每一支吊杆的缆绳不少于 6 根,每根缆绳都有调节的 5t 葫芦。吊装 HJ2、HJ1 时类同,见图 3-43。

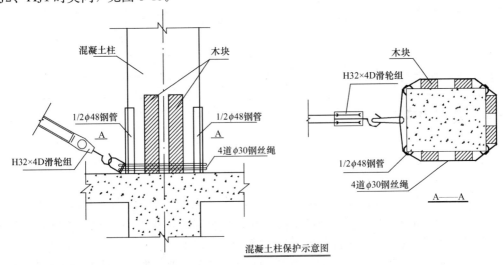

图 3-43 缆绳与结构拉结节点

图 3-44 把杆底座及下部楼层加固示意图

(9) 吊杆的前方(即西面)为黄龙路,无法布置缆风绳,因此只能设置临时的重压式地锚使用。

(10) 吊杆的底盘下面再加垫枕木一层,前后左右都使用 ϕ26mm 的钢丝绳拉紧稳固,保持吊装受力后不能移动(图 3-44)。下部楼层设钢柱加固。

主要吊装机具如表 3-7 所示。

主要吊装机具　　　　　　　　　　　　表 3-7

序号	名　称	单位	数量	备　注
1	120t 起重摆杆	根	2	
2	JM-10 卷扬机	台	4	起重吊装
3	H80×50D 滑轮	组	4	
4	6×37+1 φ26mm×800m	根	4	起重吊装
5	H20-4D 滑轮	组	4	
6	6×37+1 φ18mm×300m	根	4	主缆绳滑轮组
7	6×37+1 φ21.5mm	根	10	次缆绳
8	80t 卸克	只	8	
9	32t 卸克	只	4	
10	20t 卸克	只	10	
11	16t 卸克	只	10	
12	JM-5 卷扬机	台	6	
13	H20×1K8G（L）	只	4	
14	H10×1K8G（L）	只	8	
15	10t 手拉葫芦	只	2	
16	5t 手拉葫芦	只	10	
17	3t 手拉葫芦	只	10	
18	千斤顶（5t）	只	6	

3.3.5.3 桁架 HJ3 安装

1. 现场拼装

桁架 HJ3 因为构件体积太大，道路交通也不允许整体运输，因此构件只能到现场拼焊。拼装、焊接过程如下：

（1）先把下弦杆二段按设计要求垫放在地面的枕木上校直、调平，进行对焊接。

（2）把竖杆和剪刀撑杆按设计位置吊放好、校正焊接，在中心交叉点两旁作好斜撑，撑杆用 φ102×4 钢管封焊，撑脚和下弦杆距离 4m，下面用 16♯槽钢（4.5m 槽钢）的一头焊接下弦杆，一头和斜撑钢管的脚焊接，两边都一样处理。每一副剪刀撑在左右两旁撑好钢管后才能松开吊钩（剪刀撑和弦杆的定位有靠模螺栓固定）。

（3）焊接好下弦杆和各撑杆后，再把上弦杆吊上去（拼装成整长）校正、调直后再施焊固定。

（4）对整榀桁架拼装的稳定措施除了加斜撑 4 道外，再布置 φ21.5mm 缆风绳 2 对，拉在上弦杆三等分的节点上，用 5t 葫芦拉紧稳固。

2. 吊装

（1）待桁架 HJ3 全部焊完，质量达到要求后，进行吊装准备工作。

（2）桁架 HJ3 重 200t，每支吊杆吊重 120t，吊点使用钢丝绳 φ36.5mm8 道捆扎/点，安全系数＝8 或设钢板吊环焊接在上弦杆上。吊点见图 3-45。

（3）等 2 支吊杆都把捆扎的工作做好后，用卷扬机收紧，先不拆支撑设备进行试吊。

(4) 进行试吊前必须全面的分工、交底、统一指挥信号，必须详细地检查每一环节的工作状态，并向指挥者汇报。

(5) 指挥者全面了解情况并确认一切正常、安全后，再发出试吊命令，待构件被吊起 0.2m 高度时，指挥者发出停止命令，构件停止上升后，对构件进行人为的冲击振动。在冲击振动后对吊装的设备、各环节再进行一次检查，实行安全评定，各岗位的人员检查后向指挥汇报安检情况。

(6) 构件静吊 10 分钟后，再实行安全检查指挥发出命令，再起升、下降各三次后，再对倾斜的吊杆进行变幅试验，经安全确认后下降构件，使构件再降落到地面上，切割所有的支撑杆，（吊杆荷载在 60%）把稳定的 4 根 ϕ21.5mm 缆绳再收紧稳固。

(7) 对各部位环节的钢丝绳夹头再紧固一次包括吊杆的连接螺栓。

(8) 构件的正式起吊必须保持有充分的时间，最好是在上午进行，开始前对各部位再作检查"吊杆有否变形、头部有否脱焊裂纹、底部有否沉陷、钢丝绳有否损伤、卷扬机的固定是否牢固和平衡、中心轴线是否准确、缆绳受力是否均匀、主缆绳调节设备是否正常"等等。

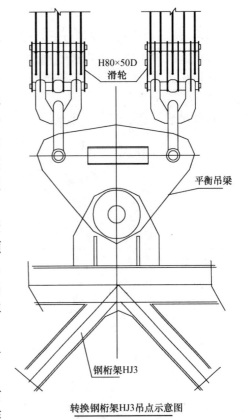

图 3-45 HJ3 吊点示意图

(9) 检查结束后，指挥者发出起吊命令使构件稳稳的上升，构件上升时，用白棕绳把构件的两边下弦拴牵，随着构件上升而松紧稳索，使构件不发生晃动与其他物件发生碰擦。指挥者随时观察构件的平衡程度，发出调节的指挥命令，保持构件能维持水平状态上升。

(10) 等构件吊装到安装标高时，指挥发出停止起吊命令，停止构件起升，再发出变幅命令，起动变幅的 2 台变幅 5t 卷扬机把吊杆从倾斜 10m 的距离收幅到 6m 的距离。

(11) 构件到达安装位置时，指挥都发出停止变幅命令。指挥起升卷扬机起动缓慢地下降构件，使构件能平衡地落在安装位置上，准确对位。

(12) 准确对位后，构件下放重量 60%～80% 到安装基础上，停止卷扬机，然后开始安装稳固的支撑三支。

(13) 支撑杆长度 11m，用 4L50×50×5 焊制、中间截面 400mm×400mm、两端截面 200mm×200mm，腹杆用 L40×40×4，支撑杆使用塔吊吊起就位，撑杆的上端焊接固定在上弦杆节点上，下端调直构件后焊接在混凝土面的预埋件上，埋件在 10 轴、15 轴、17 轴与 B 轴的相交点旁。

(14) 再用原 ϕ21.5mm 的 4 根缆风绳再把桁架构件拉紧固定，以保障构件的安全和稳定。

(15) 待三个角钢支撑焊好后,把全部的构件与支座的底板都焊接完以后,经安全检查,确认安全可靠后才可以慢慢地松卷扬机,并且随时对桁架的稳定进行观察、加固。最后,可以松去吊装的设备,拆卸捆扎的钢丝绳,再进行移动吊杆,可做下一榀桁架的吊装准备工作。

HJ3 吊装示意如图 3-46 所示。

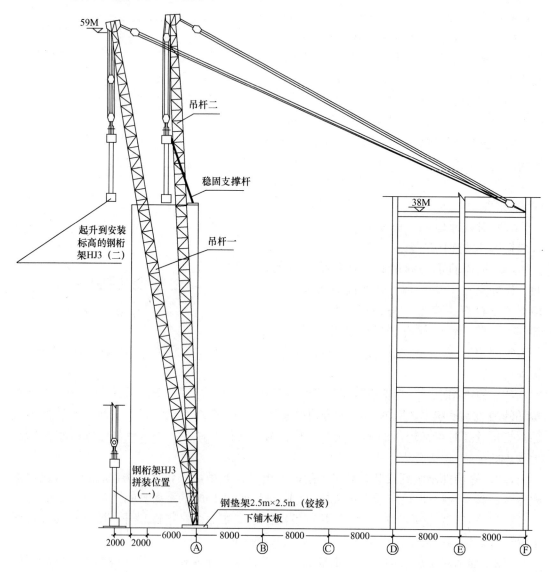

图 3-46 桁架 HJ3 吊装示意图

3.3.5.4 桁架 HJ2 安装

HJ2 转换桁架长 60m、重 188t,原来吊装工艺是分二段吊装,到高空对接焊接。后根据实际情况改为 HJ2 转换桁架在地面整榀拼装,整榀焊接成形,整榀提升吊装,到达标高后一次就位固定的工艺过程。修改原因如下:

(1) 原先工艺中考虑到现场 HJ2 桁架在地面拼装场地不够大，特别是整榀拼装的长度不够，所以工艺安排分二段吊装空中对拼。实际施工中，经多次现场实际测量、计算，以及反复论证比较后，HJ2 桁架从 10 轴到 18 轴、从 A 轴到 C 轴，斜向放置，还是可以克服长度不够的困难的。

(2) 桁架分段吊装后在高空的焊接工作量太大，操作者的劳动强度同样也很大，同时还存在着很多种种不安全的隐患，而且焊接质量绝对不能与地面作业等同，还有高空质检和探伤处理也有很多不便和难度。

具体吊装方法与 HJ3 基本相同，主要注意点如下：

(3) HJ2 桁架在吊装过程中虽然与混凝土体的距离最小处仅 400mm，利用稳绳调节避免与混凝土结构碰撞。为了安全可靠出发，加设观察岗 4 名，密切注视，实现预警。

(4) 桁架吊装后就位时的微调措施，我们按照 HJ3 吊装就位的微调方式进行。即：调正主缆绳之间力的大小，打破原先力的平衡，达到调正后新的力平衡，改变重力（桁架）的位置，也就是说假如要求桁架向南移动，此时只要放松甲杆与乙杆的北侧缆绳，就能达到目的。

3.3.5.5 桁架 HJ1 安装

与 HJ3 吊装方法基本相同。

3.3.5.6 桁架间临时支撑布置

当 HJ3 和 HJ2 桁架吊装完成后增加横向之间的垂直剪刀撑 3 榀，布置在 12 轴、14 轴、16 轴上。材料 Q235，规格 H400×300×12×12，见图 3-47。

3.3.6 混凝土结构施工要点

转换层中与常规混凝土结构施工类似的内容不再赘述，施工重点在于钢桁架安装完成后，转换层与两侧筒体形成了简支结构，需要继续向上施工楼层至结顶，使结构荷载基本作用到转换层形成初挠度后，再浇筑桁架两端伸入筒体中预留后浇的混凝土，使结构形成两端

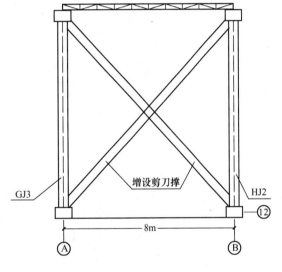

图 3-47 桁架就位后临时支撑

刚接的超静定结构，避免使用阶段过大的挠度或局部应力的产生。转换层后浇部分剖面详见图 3-48。

3.3.6.1 后浇混凝土部位结构施工

1. 模板

(1) 后浇部位模板与周边结构一起支设，混凝土间采用双层钢丝网分隔。

(2) 周边结构拆模时后浇部位不拆，支撑顶紧加固。

2. 钢筋

(1) 钢筋与周边结构绑扎一次成型，直接封模。

(2) 钢柱先行安装，混凝土浇捣前与楼层梁筋焊接固定。

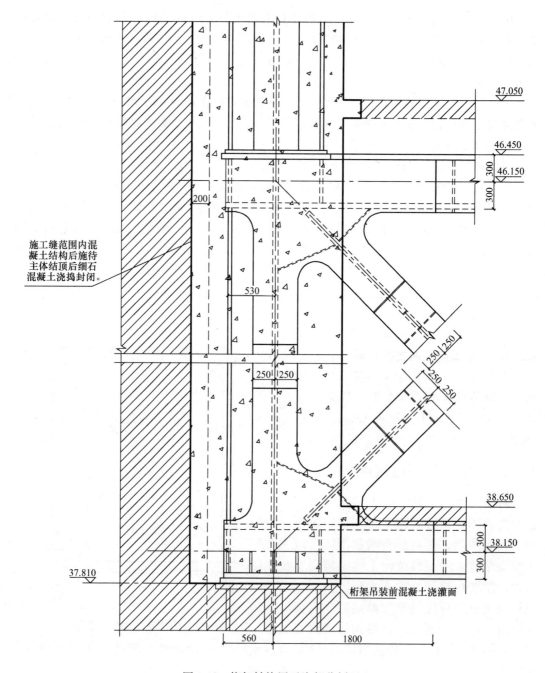

图 3-48 桁架转换层后浇部分剖面

3. 混凝土

(1) 混凝土浇捣前做好结构面的清理,避免浮浆、垃圾残留。

(2) 混凝土振捣采用加长振捣棒和附着式振捣器相结合,保证结构密实。

3.3.6.2 压型钢板组合楼面施工

(1) 混凝土浇捣前注意埋件的固定、压型钢板表面的清理,特别是板槽内的杂物。

(2) 设计已考虑下部不设施工支撑。

(3) 施工中应注意泵管的固定，避免泵管动载影响结构安全。泵管支架应尽量设置在钢梁位置，且在压型钢板的凹槽内。

3.3.6.3　外架围护

（1）钢结构安装完成后，设临时栏杆和安全网防护。

（2）10F压型钢板混凝土组合楼面预埋锚筋，施工完成后设置型钢外挑脚手架，搭设尺寸、构件情况等详外架方案。

3.3.7　安全保证

桁架转换层处于38m高的高空，结构设计要求高、施工难度大，应着重进行控制。

3.3.7.1　结构安全保证措施

（1）严格按设计要求的施工顺序组织施工，以保证结构安全。

（2）楼面避免过大堆载，保证压型钢板楼面安全承载。

（3）钢结构防火进行重点控制，避免火灾影响钢结构承载性能。

3.3.7.2　施工安全保证措施

（1）将避免高空坠落作为该部位施工的安全管理重点之一。转换层下设安全网。周边临边处设置围护栏杆，搭设外架。

（2）其余安全控制措施详见施工组织设计及安全方案。

3.3.8　小结

工程于2004年9月20日开始现场胎膜制作，10月6日开始现场拼装，10月30日HJ3吊装成功，11月18日HJ2吊装成功，12月6日HJ1吊装成功。

高位大跨度钢结构桁架转换层最主要的施工难度在于两方面：一是钢结构的制作与吊装，二是施工阶段简支、使用阶段刚接的转换以及由此引起的施工缝留设、打破原有施工习惯的施工顺序安排。经过课题的研究，设计对于保证使用阶段功能及质量的精巧构思在施工过程中得以顺利完成。高位大跨度钢结构桁架转换层施工技术的总结，为高空大跨钢结构桁架转换层的设计和施工提供了一种可供考虑的方案和成熟的经验。

《高空大跨钢桁架－混凝土组合结构转换层施工技术》论文参加华东六省一市施工学术交流，被《建筑技术》杂志录用（2007-274）。相关省厅立项课题"高空大跨度钢结构桁架转换层施工技术"于2007年8月3日通过成果验收，被评为国内领先水平。

3.4　大体积混凝土自动测温技术

3.4.1　大体积混凝土概况

本工程底板平面尺寸为155.45m×62.9m，厚度1m。承台、地梁上翻，高度1450mm。底板面标高主要为－15.900m、15.450m。底板配筋主要为$\Phi 22@150$双层双向，另在板中部配$\Phi 14@150$双向。底板平面如图3-49所示。

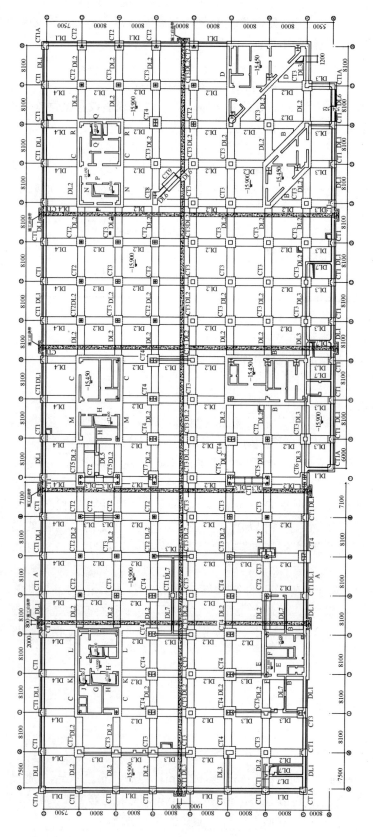

图 3-49 底板结构平面

结构于(D)～(E)轴间设一条南北向后浇带，(3)～(4)、(6)～(7)、(10)～(11)、(13)～(14)轴间设四条东西向后浇带，后浇带宽 800mm。

承台、地梁、底板采用防水密实性混凝土 C40（采用 60d 强度），掺加 ZY 微膨胀剂，掺量 6%；底板抗渗等级 S16（1.6MPa）。后浇带混凝土强度等级 C45。

底板混凝土采用 42.5P.O 水泥，水灰比采用 0.45，掺加 SP403 外加剂后，基准水泥用量为 424kg。从减少混凝土的水化热、减少混凝土的收缩角度出发，掺加膨胀剂 ZY 活性掺合料，以减少水泥用量。配合比结果如表 3-8 所示。

配 合 比 结 果　　表 3-8

材料名称	水泥	膨胀剂	矿粉	煤灰	外加剂	水	砂	石
品种规格	42.5P.O	ZY	S95	Ⅱ级	SP403	—	中砂	5～31.5
基准比例	0.64	0.06	0.20	0.10	2%	0.45	1.48	2.37
每方用量（kg）	282	26	85	46	8.78	191	651	1042

3.4.2 底板施工部署情况

根据底板施工方案，结构平面设置纵横向后浇带共五条（如图 3-49），底板被划分为 10 块。施工安排考虑按东西向后浇带划分为 A、B、C、D、E 5 个区块，由 E 区向 A 区逐步推进。区块内部按南北向后浇带划分的两小块进行流水。

3.4.3 温度预测与控制指标

浇筑温度按 20℃计算，混凝土内部中心最大温度为 49℃。据此编制了大体积混凝土温度自动计算表，具体计算结果如表 3-9 所示：

计 算 结 果　　表 3-9

水泥用量 m_c (kg/m³)	水泥水化热 Q (kJ/kg)	混凝土浇筑温度 T_0 (℃)	m^* (1/d)	混凝土龄期 (d)	最大绝热温升 T_h (℃)	浇筑块厚度 (m)	温降系数 ζ	混凝土中心温度 T_{max} (℃)
424	461	20	0.295	1	21	1.45		
424	461	20	0.295	2	37	1.45		
424	461	20	0.295	3	49	1.45	0.52	45
424	461	20	0.295	4	58	1.45		
424	461	20	0.295	5	65	1.45		
424	461	20	0.295	6	70	1.45	0.42	49
424	461	20	0.295	7	73	1.45		
424	461	20	0.295	8	76	1.45		
424	461	20	0.295	9	78	1.45	0.25	40
424	461	20	0.295	10	80	1.45		
424	461	20	0.295	11	81	1.45		
424	461	20	0.295	12	82	1.45	0.13	31

续表

水泥用量 m_c (kg/m³)	水泥水化热 Q (kJ/kg)	混凝土浇筑温度 T_0 (℃)	m^* (l/d)	混凝土龄期 (d)	最大绝热温升 T_h (℃)	浇筑块厚度 (m)	温降系数 ζ	混凝土中心温度 T_{max} (℃)
424	461	20	0.295	13	82	1.45		
424	461	20	0.295	14	83	1.45		
424	461	20	0.295	15	83	1.45	0.07	26
424	461	20	0.295	16	83	1.45		
424	461	20	0.295	17	83	1.45		
424	461	20	0.295	18	84	1.45	0.04	23
424	461	20	0.295	19	84	1.45		
424	461	20	0.295	20	84	1.45		
424	461	20	0.295	21	84	1.45	0.01	21
424	461	20	0.295	22	84	1.45		
424	461	20	0.295	23	84	1.45		
424	461	20	0.295	24	84	1.45		
424	461	20	0.295	25	84	1.45		
424	461	20	0.295	26	84	1.45		
424	461	20	0.295	27	84	1.45		
424	461	20	0.295	28	84	1.45		

注：混凝土密度按 2400 (kg/m³)，混凝土比热 $C=0.97$[kJ/(kg·K)]，

* ——m 是与水泥品种、浇筑温度等有关的系数，一般取 $0.3\sim0.5(d^{-1})$。

浇筑后混凝土内部温度的变化情况反映了混凝土内部温度应力的状况，通过采取有针对性的措施保证在温控指标范围内，可以实现信息化施工，有效地保证大体积混凝土的施工质量，避免裂缝产生。本工程温度控制指标为：

(1) 内外温差一般应在 25℃ 内；

(2) 降温速率一般应控制在 1.5℃/d。

3.4.4 测温系统开发

3.4.4.1 系统调研

原有测温方法主要有温度计和人工电子测温两种，对此，我们进行了比较分析：

(1) 温度计法主要是结构预留孔，温度计测温。该方法优点是操作简单，缺点是精度不高，需要人工操作，温度数据不实等；

(2) 人工电子测温法是近年来集团普遍采用的方法，主要在结构中预埋热点偶，测温时接上数显调节仪即可读数。该方法优点是读数方便、精确度高，缺点是每个点需要就近人工读数，且数显调节仪需交流电源，难以随时掌握温度情况。

为此，经过分析比较，我们提出了电脑自动测温的思路，由浙江建工检测科技有限公司在浙大学流体传动及控制国家重点实验室的帮助下开发了 CMT 自动测温系统。

3.4.4.2 系统原理

由热电偶、模块、电脑构成网络。通过温度传感器采集温度，利用远端数据采集模块

把温度信号传给数字转换模块，由数字换转模块把电信号转换成数字信号传递给电脑。原理图详见图 3-50。

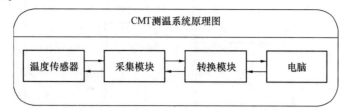

图 3-50　CMT 测温系统原理图

3.4.4.3　硬件

（1）传感器：铜铜镍电热偶（T 分度）量程为－200～250℃。

（2）模块：

1）ADAM-4018　8 通道热偶输入模块（16 位分辨率、6 通道差分及 2 通道单端信号输入、3000VDC 隔离保护）

2）ADAM-4521 可寻址的 RS-422/485 至 RS-232 转换器（传输速率可达成 115.2kbps、RS-485 自动数据流控制、网络可延伸 1.2km）

3）ADAM-4510　RS-422/485 中继器（传输速率可达成 115.2kbps、RS-485 自动数据流控制、网络可延伸 1.2km）

3.4.4.4　软件

采用大型数据库软件 Dephi 编程、操作系统支持 windows98/Me/2000/Xp。

3.4.4.5　特点

（1）精确高：±1℃。

（2）测点多：可同时对 680 个测温点同时测温。

（3）测温及时：1s 内可以记录 680 测温点数据。

（4）功能多：可以设置不同测温间隔，可以设置不同的最高温报警、温差报警，有温度变化曲线。

（5）操作简便：采用人机对话。测温点可随工程进度增加。

3.4.5　测温要求

测温采用 CMT 自动测温系统。结构预埋的温度传感器通过模块、导线将温度数据反映到办公室的电脑上，分辨力可达 0.5℃，实时显示，可以充分满足施工需求。

测温时间：（1）混凝土浇捣后 6～12h 进行第一次测试；（2）开始测温至最高温度（3d 内），每 2h 测温一次；（3）中心温度开始稳定下降 24h 后，每 4h 测温一次；（4）中心温度稳定下降三天后，每 8h 测温一次；（5）中心温度稳定下降四天后，每 12h 测温一次；（6）当出现中心温度与大气温度小于控制温差时，可停止该测点测温。

3.4.6　测温点布置

3.4.6.1　平面布置

测温点平面布置详见图 3-51。

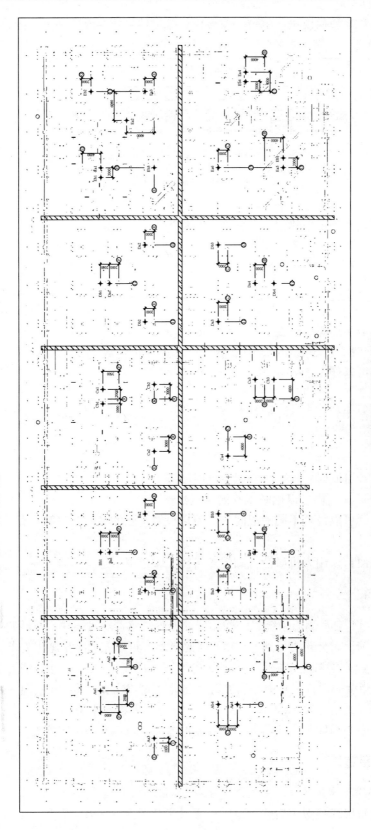

图 3-51 底板测温点平面布置图

3.4.6.2 竖向布置

每个测温点竖向设三个探头，高度分别为板底以上 50mm、底板中部、板面以下 50mm。

3.4.6.3 埋设要点

（1）热电偶埋设时不得与结构钢筋接触，并用铅丝固定牢靠。
（2）导线接出混凝土表面后要有明显标识，不得随意拉扯。
（3）振捣混凝土时，要注意保护热电偶，有导线接出处要小心处理，保护好导线。

3.4.7 信息化的养护措施

（1）地下室底板养护采用一层塑料薄膜和两层麻袋。塑料薄膜和麻袋均应搭接到位，麻袋视情况适当湿润。塑料薄膜和第一层麻袋的覆盖在混凝土表面可上人时即应进行。
（2）根据 CMT 系统实时显示的测温值和温差可以随时调整养护措施，控制降温速率。

3.4.8 小结

省电力大楼基础大体积混凝土施工中，根据现场大体积混凝土施工的实际，形成了测温系统与土建工艺衔接的方法，自主研发的 CMT 系统有效地保证了大体积混凝土施工养护的过程控制。该系统在省电力大楼工程开发完成后，又在千岛湖大酒店、环球时代广场、迪凯国际商务中心等工程大体积混凝土测温中得到应用。

该大体积混凝土自动测温系统已获登记为国家实用新型专利。

目前，在房建工程大体积混凝土的几种测温方法中，预埋钢管利用温度计测温的方法已显落后；数显调节仪的方法每次测温需要人工进行，实时程度不高；电脑测温系统已开始应用，但测试费用较大。CMT 系统投入不大，反映温度情况直观、实时，精度能满足施工要求，应用效果良好，易于得到进一步的推广。

3.5 质量通病重点防治技术

3.5.1 地下室柱模改进

柱模采用木模定制，角部钉硬木线脚，外部采用 [12 槽钢抱箍，可以有效地避免柱角漏浆、胀模等质量通病。支模及成品情况如图 3-52 所示。

3.5.2 金属网格护角

地下车库金属网格护角，加强角部，避免断角。构造如图 3-53 所示。

3.5.3 吊顶裂缝防治

（1）边回风口吊顶将回风口做成凹槽设在与墙面交接处，避免该处裂缝的质量通病。
（2）走廊石膏板吊顶设分格缝，既美观，又避免了裂缝的质量通病，见图 3-54。

图 3-52 型钢混凝土柱支模及成品

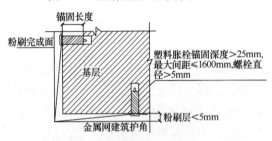

图 3-53 金属网格护角构造

图 3-54 石膏板吊顶

3.6 水泥基渗透结晶防水涂料技术

3.6.1 防水概况

地下室底板下防水具体做法根据底板图纸会审纪要改为水泥基渗透结晶型防水层。大楼底板面积约 9000m², 防水面积约 9500m²。防水层采用 "XYPEX" 牌水泥渗透结晶型防水涂料,该材料施工工艺简单,施工速度快,初凝 2h、终凝 24h,终凝后无需保护,马上可以进入下道工序。

3.6.2 材料性能介绍

水泥基渗漏结晶型防水材料是一种刚性防水材料，与水作用后，材料中含有的活性化学物质通过载体向混凝土内部渗透，在混凝土中形成不溶于水的结晶体，堵塞毛细孔道，从而使混凝土致密、防水。其运用特点是：

（1）可在混凝土迎水面进行防水也可在背水面进行防水施工；
（2）可在潮湿基面施工；
（3）无毒，可用于饮用水工程；
（4）永久防水，无老化问题。活性物质可长期作用，在一定条件下不断产生新的结晶体，其可以向上向下两个方向渗透，从而使上下混凝土层均受益，使混凝土致密防水；
（5）可提高混凝土强度20%以上，同时有利于混凝土的抗腐蚀性和抗碳化性能；
（6）适用温度范围广，可在－30℃～130℃持续使用；
（7）施工操作方便。

3.6.3 施工操作方法

（1）清理基层：先用竹扫把清理混凝土表面的落地灰及凿桩后的混凝土细块，再用羊毛扫把清扫混凝土面，使混凝土表面的毛细孔洞充分外露，有利于材料充分发挥作用。
（2）混凝面湿润：本工程中混凝土刚浇捣不久，基层潮湿，但在基层中不能有明水存在，应清扫干净。
（3）拌料"XYPEX"与清水按5∶2配制好，用机械搅拌形成水泥浆黏稠状，要求搅拌均匀，拌好的料要在20min内用完。
（4）涂刷第一遍：用半硬尼龙毛刷或扫帚进行涂刷；涂刷过程中应先分堆倒料，尼龙刷逐位推刷，后用羊毛刷修补均匀，要求涂刷方向一致，每平方米用量约0.5kg。
（5）涂刷第二遍：等第一道初凝后，涂层呈半干状态，间隔2～48h进行第二道涂刷，若表面已干，一定要湿润后再涂第二道，施工操作与第一道相同，要求涂刷方向与第一道相垂直，每平方米用量约0.5kg，两道的总用量约1.0kg。
（6）细部施工：对水平地面或台阶阴阳角，必须注意将"XYPEX"涂匀，阳角要刷到，阴角及凹陷处不能有"XYPEX"过厚的沉积，否则在堆积处可能开裂。
（7）养护与维修：第二道涂刷完毕，涂层呈半干状态后应开始用雾状净水喷洒养护，每天喷水3～4次，连续2～3d，对施工中有破损处应急时修补。
（8）二道施工完毕涂层干燥应及时请监理单位验收。

3.6.4 质量安全

（1）由专业防水施工队伍施工，配备专业施工员，操作工人持证上岗。
（2）防水施工前做好技术交底，确保防水工程质量合格。
（3）防水工程应做好班组自检，质量员抽检、复检工作。
（4）防水施工前做好安全交底，确保将安全意识落实到每一个操作工人。
（5）做好详细的防水施工技术资料。

3.7 信息化、电子化的施工过程控制技术

(1) 基于 P3e/c 和 EXP 的工程管理软件应用技术

(2) 大体积混凝土自动测温系统（自主创新开发）：施工中提出需求，申报了省厅立项课题，在工程实践基础上自主创新，在浙江大学流体传动及控制国家重点实验室的帮助下开发了 CMT 自动测温系统。该系统由热电偶、模块、电脑构成网络。通过温度传感器采集温度，利用远端数据采集模块把温度信号传给数字转换模块，由数字换转模块把电信号转换成数字信号传递给电脑，克服了传统温度计和人工电子测温在精度和实时性方面的限制。该系统已在多个工程中得到应用，并申报了国家专利。

(3) 基于 GPRS 的无线远程视频监控系统（自主创新开发）：施工现场在塔吊、下沉式广场、大门设置视频监控，其中 1 个摄像头为自行研制的基于 GRPS 网络的无线远程摄像头，该项技术已申报国家专利。

(4) 高承重架应力监测：在北部型钢混凝土梁式结构转换层高空重载模板承重架施工中，对立杆设置振弦式应变计，进行应力监测。

(5) 结构施工应力监测：北部型钢混凝土梁式结构转换层、南部钢桁架结构转换层中构件施工和使用阶段应力监测。

(6) 基坑围护监测：基坑土体水平位移、地下水、支撑轴力、立柱桩竖向沉降、桩后土压力和孔隙水压力等实时监测。

3.8 楼宇智能控制技术

(1) 本工程按智能建筑甲级标准建设，智能化系统工程包括 16 个子系统；

(2) 综合布线采用 6 类线缆；

(3) 万兆光缆主干，百兆、千兆到桌面，无线接入网及部分光纤到桌面；

(4) 变静压空调控制技术；

(5) IC、ID 复合卡一卡通系统（含消费、门禁、停车场管理）；

(6) 智能数字会议系统，包括身份确认系统、会议主持系统、视频系统及智能音响、灯光系统等。